50とよばれたトキ

——飼育員たちとの日々

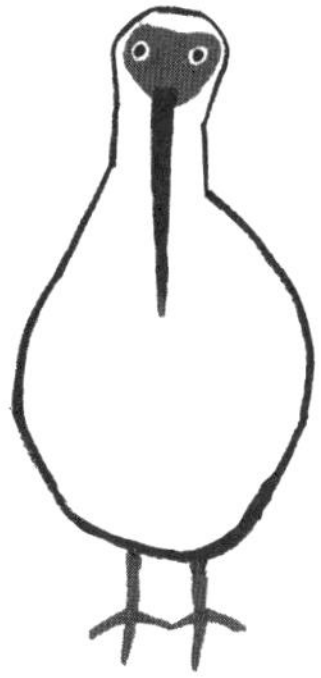

小野智美

羽鳥書店

挿画　がんも大二

Our Days with "Fifty," the Japanese Ibis
ONO Satomi
Illustration: GANMO Daini
Hatori Press, Inc., 2012
ISBN 978-4-904702-33-8

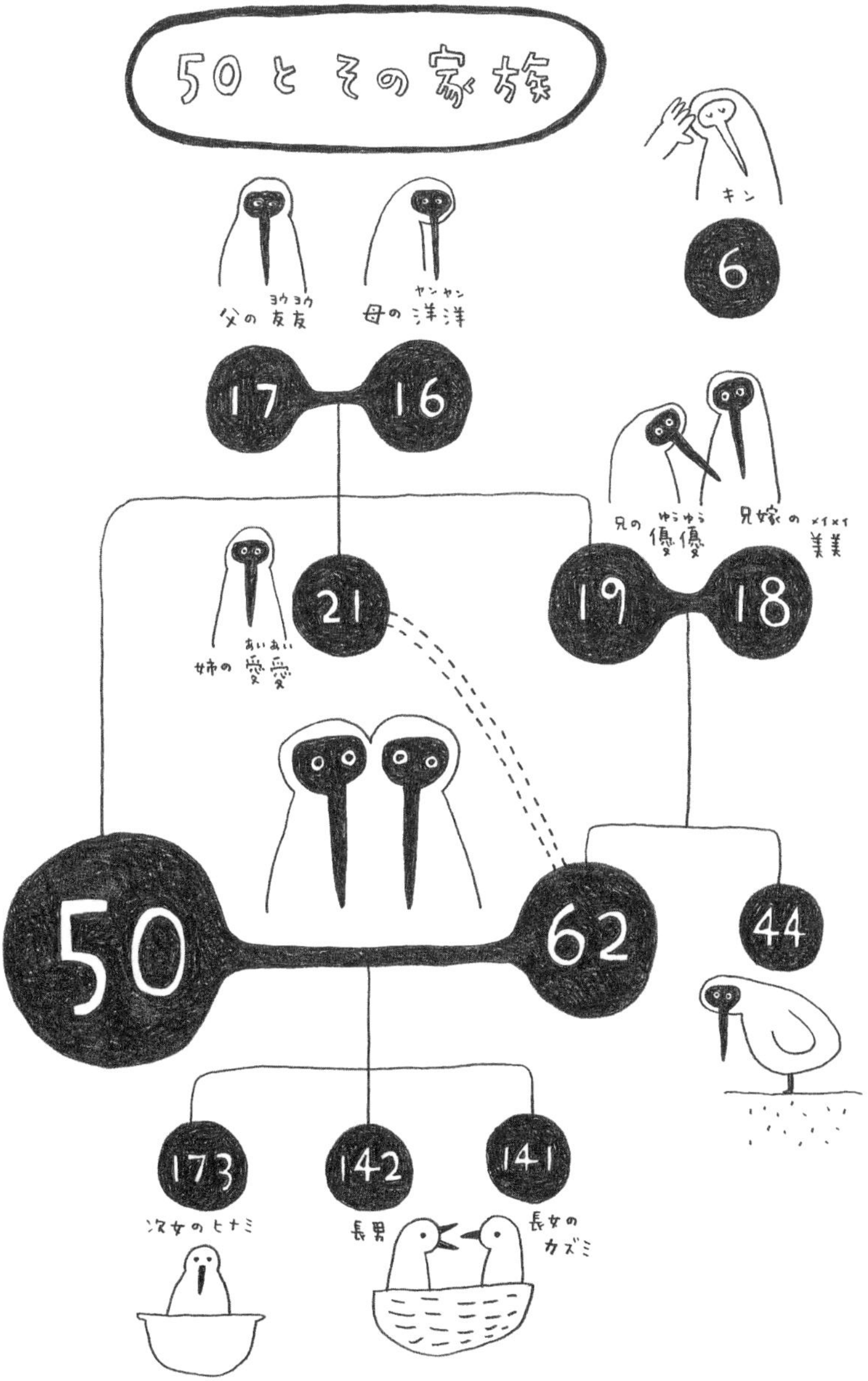
50とその家族
キン
6
父の友友《ヨウヨウ》
母の洋洋《ヤンヤン》
17
16
兄の優優《ゆうゆう》
兄嫁の美美《メイメイ》
19
18
姉の愛愛《あいあい》
21
50
62
44
173
142
141
次女のヒナミ
長男
長女のカズミ

目次

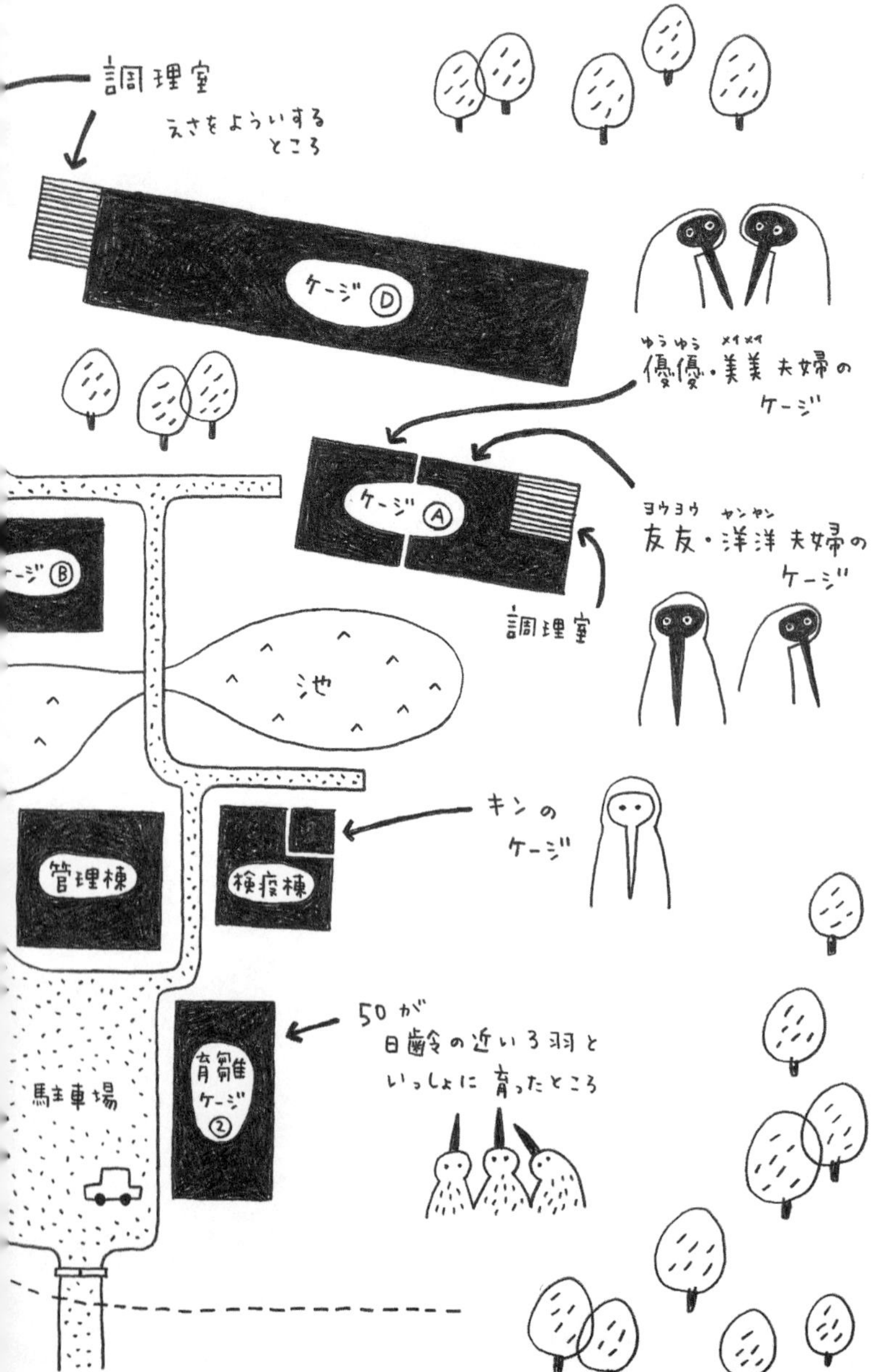
調理室
えさをよういする
ところ
ケージⒹ
優優《ゆうゆう》・美美《メイメイ》夫婦の
ケージ
ケージⒶ
友友《ヨウヨウ》・洋洋《ヤンヤン》夫婦の
ケージ
ケージⒷ
調理室
池
キンの
ケージ
管理棟
検疫棟
50が
日齢の近い3羽と
いっしょに育ったところ
育雛
ケージ
②
駐車場

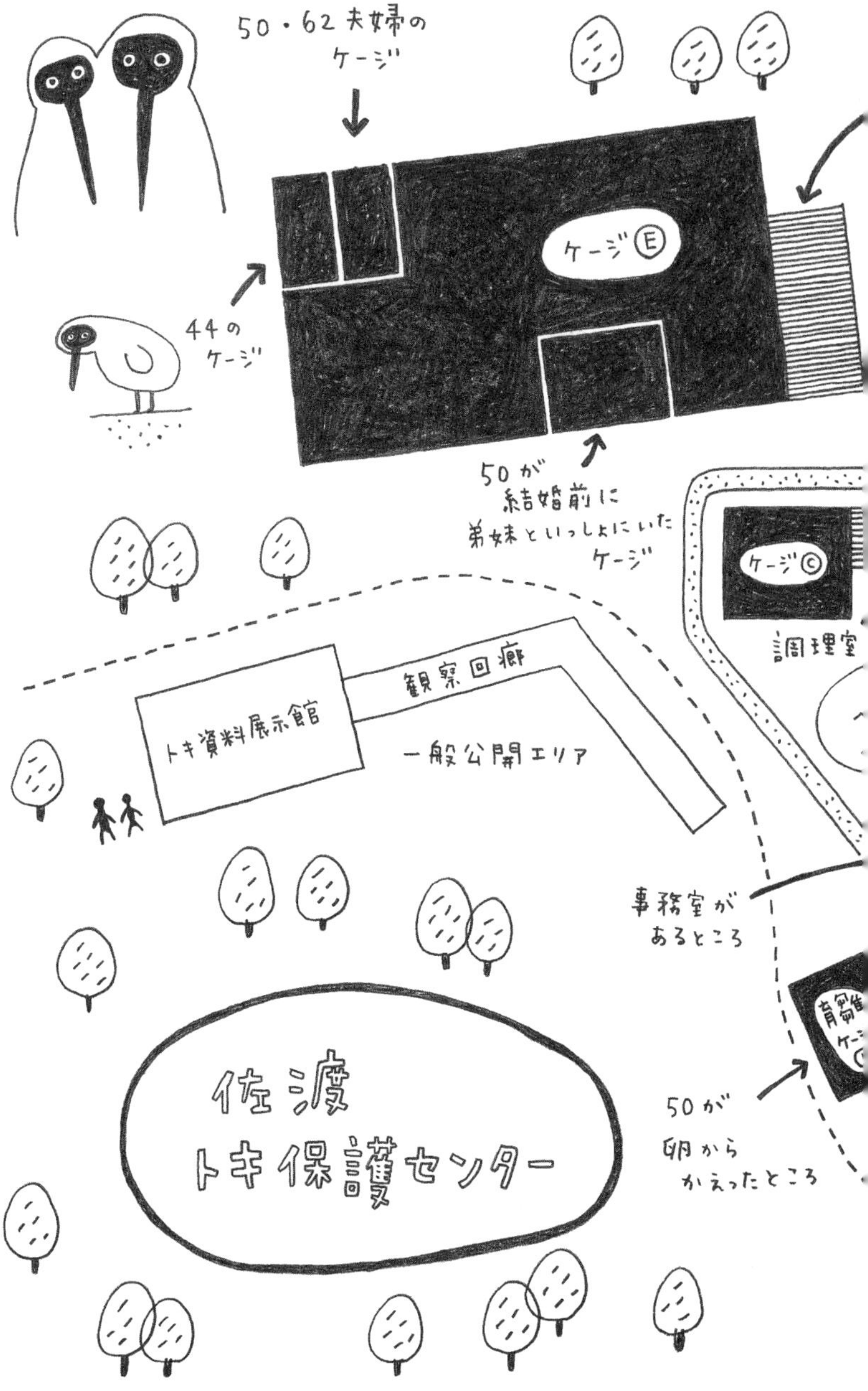
50・62夫婦の
ケージ
ケージⒺ
44の
ケージ
50が
結婚前に
弟妹といっしょにいた
ケージ
ケージⒸ
調理室
観察回廊
トキ資料展示館
一般公開エリア
事務室が
あるところ
50が
卵から
かえったところ
佐渡
トキ保護センター

佐渡トキ保護センターの紹介

日本のトキの飼育下繁殖の拠点。所在地は新潟県佐渡市新穂長畝三七七番地四。環境省が設置し、新潟県が管理・運営。一般公開はしていないが、隣接のトキ資料展示館からケージの一部を見ることができる。飼育用、繁殖用のケージが五棟あり、ケージにとりつけられたモニターカメラの映像が見られる管理棟、孵卵器や育雛器が置かれた建物などがある。一九六七年、旧新穂村の清水平に新潟県トキ保護センターとして発足。九三年、現在地に移転し、改称した。八一年に野生のトキ五羽すべてを捕獲して以降、二〇〇七年にトキ四羽を東京の多摩動物公園へ移すまで、日本でトキが飼育されている唯一の場所だった。

50とその家族

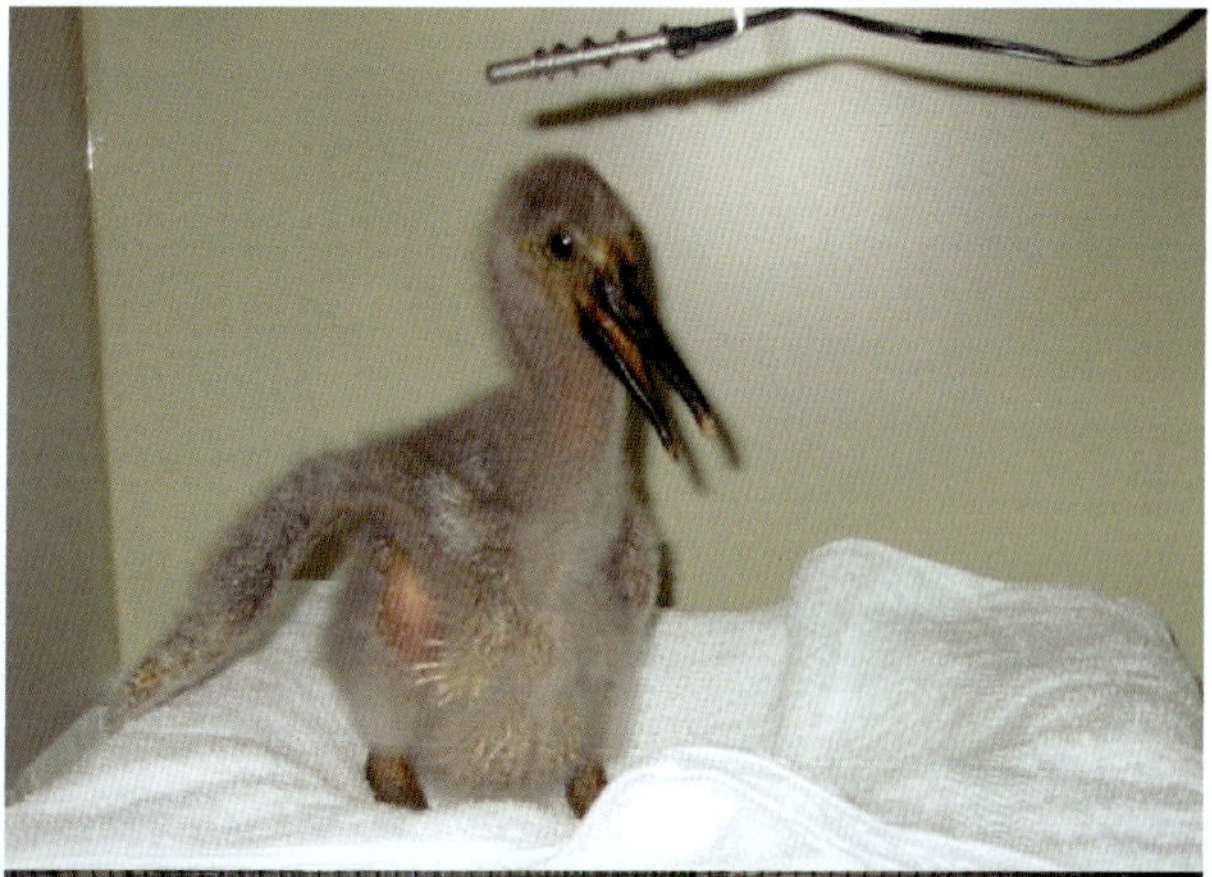

2003年5月1日生まれの50。生後10日くらいの頃。

真ん中にいるのが50。2003年5月16日。

弟妹といっしょの50(一番左)。2003年6月20日。

大人になった50。

上・50と62のペア。次女のヒナミと。
下・佐渡トキ保護センター最長老のキン。35歳の頃。2002年4月6日。

中国からやってきたオスの友友(右)とメスの洋洋(左)。50の両親。2003年2月7日。

50の兄の優優（左）と、中国からお嫁にきた美美（右）。2002年10月25日。

上・50の姉の愛愛。50とペアになる62と、以前にペアだった。2000年12月27日。
下・メスの44。孤高のトキ。

上・放鳥後に大空を舞う50の長女、カズミ。
下・田んぼにおりたったカズミ。

変化するトキの姿

親鳥といっしょに巣ですごすヒナたち。ヒナを４羽も孵して育て上げるのは珍しい。中央のヒナの頭には冠羽が見える。

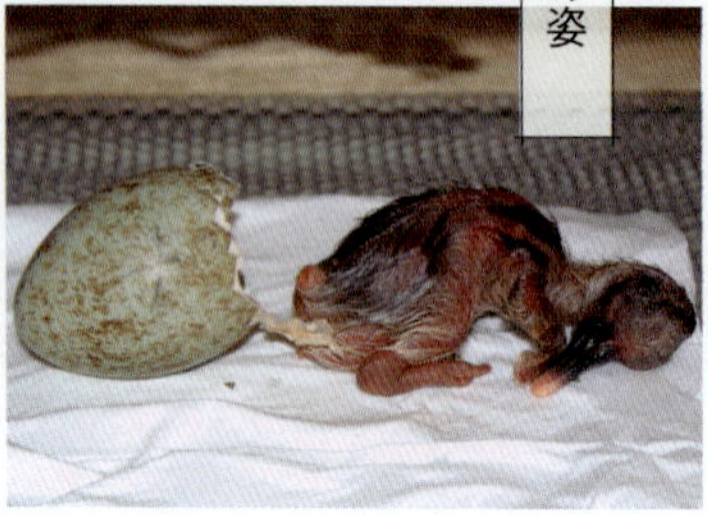

生まれたてのヒナ。

子ども同士でいっしょにくらす。顔はレモン色に。

洗面器の中で日光浴をするヒナたち。

ケージのプールで、大好きなドジョウをつかまえる。

体が灰色、顔は真っ黒な生後５～７日のヒナ。

50とよばれたトキ

はじめに

帽子で救われた卵

二〇〇三年四月三日の夕方でした。

森のむこうへ夕日が落ちていきます。

ふもとの佐渡トキ保護センターの事務室も暗くなり、数人の職員が仕事をかたづけはじめていました。事務室の窓の先には檻がいくつも立ちならんでいます。檻の中では、国の特別天然記念物の鳥、トキたちが、止まり木でやすんでいました。

とつぜん、ひとつの檻から、かんだかく、するどい声がひびきました。

「ターアッ」

つづいて、はげしく翼を打つ音がとどきました。

バサバサバサバサッ。

職員たちはすぐに事務室の窓の外へ目をむけました。

窓から見える檻に一組のつがいがいます。

つがいのオスが、巣にしゃがみこんでいたメスにかみつき、メスがさけびながら、飛び上がったのです。オスがメスを追いかけ、メスはにげまわっていました。

「行ってきます」

飼育員の中川浩子さんはそう声を上げて事務室を出ました。

檻まで三〇メートルほどの距離です。

その春、オスはメスにかみついてばかりいました。

オスを止めるには人間が檻に入るのが一番早いのです。オスは人間を見れば、人間への警戒心が先に立ち、メスどころではなくなるはずですから。

あたりは深い藍色にそまりつつありました。

メスが大きな翼を打ち鳴らしました。左右の翼を広げると一・二メートルほどあります。

さらに大きなオスの一・四メートルの両翼が強く鳴りました。二羽が飛び交う光景は、カラスよりも、カモメよりも、迫力があります。

オスはメスの背中に飛び乗り、くちばしでメスの頭や顔をつつきました。オスのくちばしの長さは一五センチ以上もありますから、メスはたいへんです。

「コーイ、コイコイ」

中川さんは声を出しながら、檻のとびらをあけました。
次の瞬間、彼女の目にとびこんだのは、メスの真っ白なおしりでした。
とびらのすぐ先、高さ三メートルの止まり木にメスがいました。
メスは中川さんに背中をむけていました。
メスの真っ白なおしりから白いものが見えました。
(あっ、卵。出る。出てくる)
卵がそのまま三メートル下の地面へ落ちれば、くだけてしまいます。
瞬時に、中川さんは思いめぐらせました。
(上着をぬごうか。いや、間に合わない)
とっさに頭にかぶっていた帽子をつかみました。
帽子のつばを手にもち、うでをのばしました。
すとん——
卵は帽子の中へ。
「うわっ」
卵の重みに帽子を落としそうになり、ぐっとつばをにぎりしめました。
いま思えば、ふしぎな出来事でした。

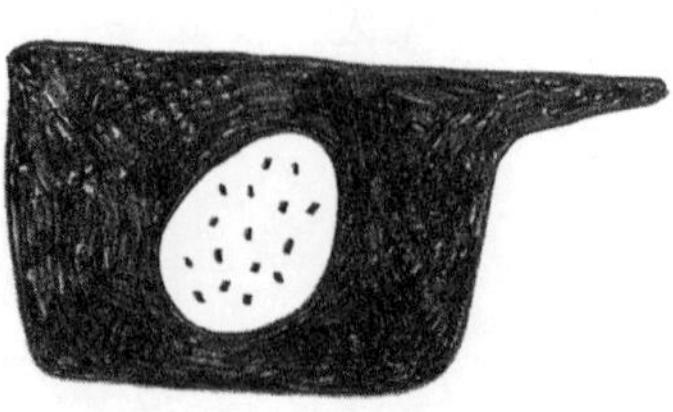

トキの卵はニワトリの卵よりひとまわり大きく、白くはないのです。それは青みがかった灰色に茶色の斑点もようが広がり、遠目には土がついた草や葉のようにも見えます。ところが、あの瞬間、卵は、たしかに、中川さんの目には白く光って見えたのです。夕方の五時五五分でした。

夕やみが周囲の色彩を消し去り、景色を白黒にぬりかえ、視界をとざす寸前でした。卵をつつんでいたメスのぬくもりが、一日の最後の光をかきあつめるようにして、中川さんにむかって白くかがやいたのです。新米飼育員がこれから進む道を照らすような白い光でした。

1章 初めての卵

飼育員になる

二〇〇二年秋の晩、中川浩子さんは、勤め先の高校から帰ってきた夫にこう言われました。

「トキの飼育員をさがしているそうだよ。応募してみるかい」

「えっ」

おどろいて思わず、声を上げました。

「この動物園のない佐渡で動物にかかわれる仕事があるなんて」

動物は大好き。結婚して、新潟市郊外から佐渡島の夫の元へ移り住み、定年まで働ける仕事をさがしていた時でした。

自宅から佐渡トキ保護センターまでは車で一五分ほどの距離です。

まずは職場説明会に出かけました。

センター長の話が心にのこりました。

「トキは愛情ゆたかですよ。私たち職員にも小枝をわたすことがあるのです。くちばしに小枝をくわえ、さしだしてきます。これはトキ独特の愛情表現です」

次の日、中川さんは面接試験にのぞみました。

中川さんは身長一六三センチ。スラリとした細身です。笑顔になると、色白のほほにえくぼがうかびます。面接試験でセンター長から「この仕事は、よごれ仕事ですよ。フンそうじばかり。それでもいいですか」と聞かれた時も、えくぼをうかべて答えました。

「はい。ウンチは健康のバロメーターですから」

結果は合格でした。

二〇〇二年一一月、中川さんは佐渡トキ保護センターの飼育員になりました。二七歳の時です。

当時、中川さんをふくめ四三人が応募してきました。博士号をもつ人もいましたが、「博士を求めているわけではない」としりぞけられました。長い間ニワトリを飼っていた人もいましたが、「ニワトリとトキは、ネコとネズミほどちがう」と選ばれませんでした。センターでは定年まで働きつづけられる飼育員をさがしていたのです。

佐渡トキ保護センターは佐渡島の山のふもとにあります。

田んぼの中の一本道から、小さな森にむかいます。

そこは小さな神社がある鎮守の森です。

神社から道を一本へだてたところに佐渡トキ保護センターがあります。

駐車場があり、その奥の林の中に鉄筋コンクリートの平屋の建物があります。

建物の中に事務室があります。

中川さんは朝、事務室に入ると、作業服に着替えます。

作業服はすべてベージュ色です。上着とズボンを替え、帽子をかぶります。

最初の日、中川さんはセンター長から説明をうけました。

「トキは、赤、青、黄の色は警戒するよ。人間の顔をひとりずつ見分けられるから、早く顔を覚えてもらえるように、帽子のつばはうしろむきにしてかぶるんだよ」

ひととおり話すと、センター長はこう言いました。

「あとは金子さんから教わって」

獣医師に会う

金子良則《よしのり》さんは佐渡トキ保護センターの獣医師です。国内で唯一トキを育ててきたトキ保護センターのただひとりの獣医師として、一九九一年からトキを見守ってきました。

中肉中背で丸顔の金子さんは、メガネをかけ、口元にひげをたくわえています。中川さんより一八歳年上の四五歳でした。

中川さんは金子さんに笑顔をむけ、明るい声をあげました。

「よろしくお願いします」

にぎやかなのが来たな。金子さんはそう思いながら「行くぞ」と低い声で返し、背をむけました。メガネをはずし、帽子のつばをうしろむきにかぶり、長靴にはきかえ、事務室を出ます。ベージュ色の上着のポケットに手を入れたまま、ゆっくりと歩いていきました。

事務室を出た先には、トキがくらす檻がいくつもならんでいます。鉄骨を組み立てて金網をはった檻です。佐渡トキ保護センターではこれらの檻を「ケージ」とよんでいます。

当時は、二五羽のトキがわかれてくらしていました。一羽だけのケージもあれば、二羽いっしょのケージもあります。七羽がいっしょに入ったケージもありました。

ワーイ。中川さんは心の中で歓声を上げ、早足で金子さんを追いました。その姿を見送っていた先輩職員から、あとで中川さんは「セカセカ歩くな」と注意をうけ、「トキの前ではゆっくり歩くことが大事」と知らされます。

金子さんがむかった先は、事務室から三〇メートルほど離れた右前方のAケージでした。

ケージの入り口にはコンクリートづくりの部屋があります。調理室です。冷蔵庫が置いてあり、流し台もついています。

「まず、おれがやることを見ていて」

金子さんは冷蔵庫からタッパーをとりだしました。馬肉で作ったえさが入っていました。

「たてに切るようにしてもりつける。つぶしちゃだめだ」

そう言いながら、金子さんは薬さじでえさをとりわけ、器に移しました。

「小窓から見ていて」

金子さんはそう言い残して調理室の奥のとびらをあけ、廊下へ出ました。廊下にそって二つのケージがならんでいます。金子さんはよくひびく低い声をあげました。

「コーイ、コイコイコイ」

牛をよぶ時につかう声です。それからとびらをあけてケージへ入っていきました。中川さんはとびらの小窓からのぞきました。

ケージの広さは一〇メートル四方です。天井の高さは四メートルほど。だえん形のプールがあり、水がかけ流しになっています。プールはたて幅が一・八メートル、よこ幅が一・五メートルあります。

プールのそばにトキが二羽いました。

オスの友友《ヨウヨウ》とメスの洋洋《ヤンヤン》。ともに六歳です。体は白い羽根でおおわれていますが、顔には羽毛がなく、赤いひふがむきだしています。脚も赤色。ツメはタカやワシのようなおそろしいものではなく、指の間に小さな水かきがあります。

金子さんが入ると、友友も洋洋も金子さんが手にするえさの器にむかってきました。

うわっ、近づいてくるんだ。中川さんは声には出さず、感心しました。

握手をかわす

金子さんはとなりのケージへ入りました。そこにもトキが二羽います。オスの優優《ゆうゆう》とメスの美美《メイメイ》。ともに三歳。優優は、友友と洋洋の息子です。

金子さんを見て、優優はどんどんむかってきました。

わっ、もっと近づいてくるわ。中川さんは小窓からのぞきながら、おどろきました。

しかも、その時、優優は地面から小枝をひろいあげ、金子さんへさしだしてきたのです。中川さんは感動しました。職場説明会で聞いた「小枝わたし」だわ。

ケージから出てきた金子さんに中川さんはさっそくたずねました。

「枝をもってくるんですね」

「ん。でも、枝をとると、かまれる」

金子さんは低い声で言葉すくなに答えました。

「えーっ。そうなんですか」

次の日の朝八時半すぎ、中川さんはひとりでえさを運びました。

優優と美美のケージへ入りました。

トキのオスとメスは体の色も形もいっしょ。大きさがちがうくらいです。おとなのオスの優優の背丈は七〇センチほど。メスの美美の背丈は六〇センチくらい。

翼を広げれば一メートル以上はありますから、柴犬ほどの存在感があります。

オスの優優はくちばしも太く、その長さは一九センチもあります。優優の白い翼は桃色のかがやきを帯びていました。きれい。これが朱鷺《とき》色なんだ。中川さんは息をのみました。

優優は中川さんにも小枝をさしだしてきました。中川さんは、金子さんの言葉を思い出して手を出さずにその場を去り、あとで金子さんに報告しました。

「優優が枝をもってきたんですけど」

「ん、でも、枝をとると、かまれるから。こっちから枝をやってみて」

金子さんの話を聞き、昼一時すぎのえさの時間、中川さんはケージの中に落ちていた約六〇センチの長さの細い枝を、すぐそばの止まり木にいた優優へ差し出しました。

「優優さん、はい、どうぞ」

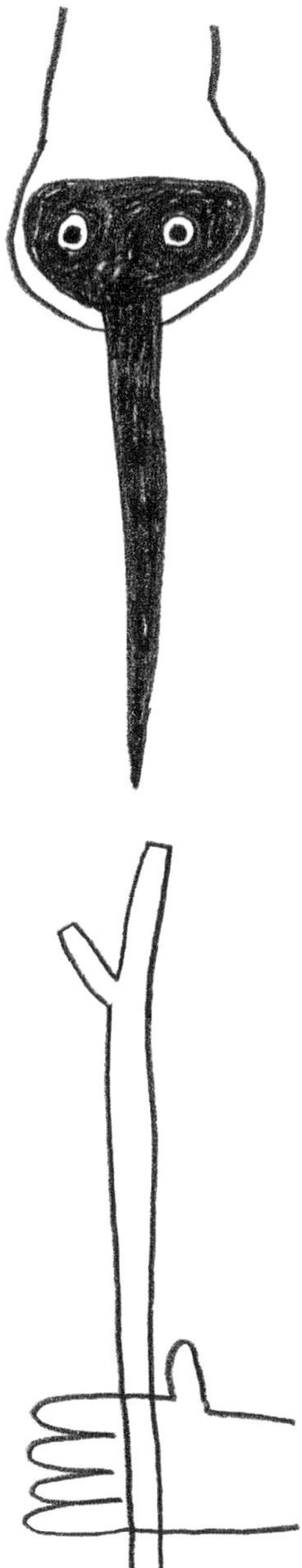

優優は、長さ二五センチほどの首をすこし左へかたむけ、右目を中川さんへすえました。黄色い目の中の黒いひとみがじっと中川さんをとらえています。

それから真っ黒な長いくちばしをすっとのばしてきました。くちばしの先は赤色を帯びています。

そのくちばしで枝のはしをくわえました。

ぐいっ。

おおっ。中川さんの右手にくちばしの力が伝わってきました。

まるで握手をかわした時のような感触です。

枝をうけとると、優優は、いそいそと奥の止まり木へむかいました。

相手が金子さんなら、優優はその枝を返そうとします。もっとも、金子さんが受け取るために手を広げれば、「待っていました」とばかりに首を横にふり、枝をわたしません。それからまた枝をさしだします。それは優優の遊びです。優優は卵の時から金子さんに育てられたので、金子さんの前では甘えん坊にもどり、いっしょに遊びたがるのです。

ところが、相手が金子さんでなければ、優優は遊ぶ気をおこさず、さっさと奥の止まり木へむかいます。そこにはメスの美美がいます。もらったばかりの枝を美美へさしだします。優優の黒いひとみには美美しか映っていません。

美美はちょっと優優をながめてから、ゆっくり枝のはしをくわえました。

相手をかんだり、つついたりできるくちばしに枝をくわえる姿は、「わたしはあなたを怖がらせたり傷つけたりしません。あなたを大事に思います」と伝えています。

弟子と師匠

中川さんは「コイコイコイコイ」と言いながら、優優の両親である友友と洋洋のケージにも入りました。オスの友友も、メスの洋洋も、金子さんの時とはちがいます。中川さんに近づいては来ません。止まり木から見下ろしているだけでした。

中川さんは、さらにとなりの棟のBケージへむかいました。

そのケージも、事務室の窓から見えます。

金子さんが事務室の窓辺で見つめていました。

そこにはまだ一歳にならないトキたち七羽がくらしていました。「コイコイコイコイ」と声を出しながら、中川さんはとびらをあけて一歩ふみこみました。その直後です。

「ターアッ」「ターアッ」

あちこちから悲鳴のようなさけび声が上がりました。

七羽がいっせいに鳴きはじめたのです。ケージの広さは一二〇平方メートル。天井の高さは四メートルほど。悲鳴がケージの鉄骨や金網からはねかえってきます。

バーン。ガーン。

七羽が次々に飛び上がりました。ケージの内側にはゴルフネットがはってありますが、飛び上がったいきおいで鉄骨や金網にぶつかり、そのはげしい音もケージの中にひびきわたります。トキたちは、ぶつかってはあわてて右へ、左へ、と、飛んでいます。

あんのじょうだな。

そう思いながら金子さんは事務室の窓からケージに視線をむけていました。まだ幼い七羽は、初対面の中川さんにおどろき、パニックになったのです。

一分、二分、三分、と過ぎていきます。七羽はさけびながら、飛びまわっていました。

金子さんは目をこらしました。

ん、ケージから出てこないで、なにをしているんだ。

こわばった表情の中川さんはじっとして動きません。ケージのとびらを背に、事務室のほうをにらむように立っています。中川さんは、そのケージに入る前、あらかじめ「トキはとてもおくびょうだからね。トキをじっと見ちゃだめだよ。トキが飛んだら、動きを止めなさい。トキが落ち着いたら、次の動作をしなさい」と注意をうけていました。

金子さんは急いでメガネをはずして帽子をかぶり、長靴にはきかえ、事務室を出ました。外に出

れば、いつものゆっくりした歩調にもどり、低く通る声を発しました。

「出てこぉぉい」

金子さんの姿が中川さんの視界に入り、その声が中川さんの耳に届きました。中川さんは、ほっとした表情になり、ケージを出ました。

事務室へもどってきた中川さんに金子さんは「あんまりさわぐようだったら、さっさと帰ってこい。いつまで待っていてもダメなこともある」と教えながら、こう思いました。三日もたてば、慣れるだろう。それができなければ、飼育員の才能はないな。

三日目。中川さんは「コイコイコイ」と声を上げたあと、すぐにとびらをあけず、とびらのむこうのケージ内の音に耳をすませました。七羽のトキが奥の止まり木へむかう音がします。音がやんでから、とびらをあけ、歩幅をかえず、ゆっくりとえさの器を置き、ゆっくりと出ていきました。七羽はもう飛びまわることはありません。

一週間ほど過ぎたころ、金子さんは中川さんに言いました。

「じゃあ、今日はキンの世話だ」

キンは、佐渡トキ保護センターのトキたちの中でただ一羽、佐渡島に生まれ育った野生のトキでした。

キンに会う

一九六七年の夏の日、佐渡島の青々とした田んぼの中にトキが一羽ぽつねんと降り立っていました。体は小さく細く、顔のひふは赤色ではなく、レモン色でした。その年の春に生まれたばかりのまだ幼いトキでした。親鳥とはぐれたのでしょう。

公民館の副館長だった宇治《うじ》金太郎さんがドジョウをあたえつづけ、翌年の春を前に、その子をだきあげて、トキ保護センターへわたしました。6という番号があたえられました。戦後の佐渡島で人間の手で育てられる六羽目のトキという意味です。その子はメスでした。宇治さんの名前をとって「キン」という名がつけられました。

一九九五年、日本のトキはキン一羽きりとなりました。もはや日本ではトキをふやせないため、一九九九年、中国から一組のつがいが贈られました。それが友友と洋洋です。つがいの間にオスの優優が生まれると、中国からメスの美美が贈られてきました。

金子さんは、友友夫婦や優優夫婦の子を育てながら、キンの世話にも手をつくしていました。野生のトキの寿命は一五歳前後といわれますから、キンはたいへんな長寿でした。

キンは事務室のすぐとなりの棟のケージで一羽きりでくらしていました。

キンのケージには高さ一一〇センチの止まり木がありました。

三一歳をすぎたころでした。

キンは止まり木からおりる時、ゴルフネットにぶつかり、止まり木へもどる時も首をひっかけるようになりました。

金子さんは止まり木の高さを七〇センチにしました。

それでも着地に失敗するので、一カ月の間、金子さんがキンをだいておろし、そのあとは止まり木の高さを三〇センチにしました。

最初の三日間、キンは自力で行き来しましたが、四日目は止まり木から動かず、えさもとらず、水も飲みません。

六日目からまた金子さんがかかえておろすようになりました。

金子さんは、キンの左目に光をあててみました。緑色になりました。緑内障でした。動物の医学書をめくっても、治し方は書かれていませんでした。

金子さんはキンの目に人間用の薬をさしつづけました。

効き目はありません。

一ヵ月後、薬は断念しました。

ついにケージから止まり木はとりのぞかれました。

キンはケージの隅にたたずむことがふえました。

金子さんたちは思いました。

どんどん視力が下がっているので、体の一部をケージにつけていなければ、不安でたまらないのだろう。

中川さんが飼育員になった時、キンは三五歳でした。金子さんの指示を受け、中川さんはひとりでキンのケージに入りました。

「コーイコイコイコイ」

まぢかに見たキンは、顔のひふがカサカサで、シワがあり、白くシミのようなものもあります。

人間のおばあちゃんといっしょだなあ。そう思いました。

キンは、中川さんが入ってきても、静かにたたずんでいました。


「キンちゃん、今日はごきげんいかがですか」

声をかけながら、水の器を置きました。

キンはゆっくりと首をのばしてきました。

事務室へもどった中川さんに金子さんは、一言、こう言いました。

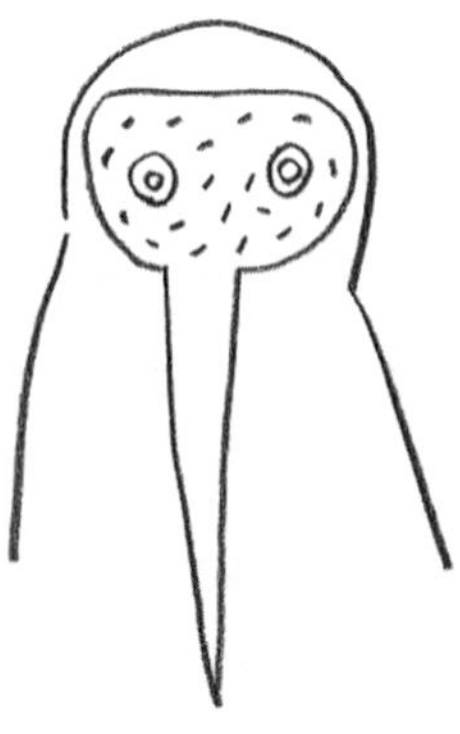

「鳴かれんかったな……」

金子さんは、キンが「ターアッ」とさけぶかもしれないと覚悟していたのです。

キンは初めて会った時から中川さんをうけいれました。

卵を助ける

中川さんが飼育員になって初めての春が来ました。

金子さんは、つがいがくらすケージの奥の止まり木の上に、フジのツルでざっくりと編んだカゴをとりつけました。巣の台です。そのあとは毎日のようにクリやコナラの枝や干し草をケージに運びいれ、地面につみあげます。

オスの友友は、好みの枝をひろい、カゴへさしこんで巣をつくりあげます。メスの洋洋は巣にいる時間が長くなってきました。

それからです。けんかがはじまりました。

友友が洋洋の背にのって頭や顔をつつくのです。

「早く卵を産め」と友友はせっついているようでした。

洋洋がにげるために飛び上がります。高さ四メートルの天井にぶつかっても、ショックをやわらげるようにゴルフネットがはってありますが、いきおいがつけば、けがをするかもしれません。そのつど金子さんや中川さんがケージに入りました。友友は、人間の姿を見ると、警戒心が先に立ち、けんかを忘れるからです。

二〇〇三年四月三日夕方、また、けんかがはじまりました。

中川さんは「行ってきます」と金子さんに言い残し、事務室を出ていきました。

金子さんは事務室の窓からケージに目をむけました。

窓のむこうのケージでとびらがあき、中川さんの姿が見えました。

手前の高さ三メートルの止まり木にメスの洋洋がいました。

洋洋は事務室のほうをむき、中川さんには背をむけています。

金子さんは窓のむこうの光景に目をこらしました。

あれ、なにをしているんだ。

中川さんが帽子をぬいでいます。前へ一歩行きます。またうしろへ二歩もどります。すると、もう一度、前へ。右へ、左へ、と歩いています。

金子さんは首をかしげました。

けんかをとめるのに、なにをウロウロしているんだ。

時刻は午後五時五五分。

夕やみがせまっていました。

中川さんが帽子をかかえて事務室へもどってきました。

青白い顔で金子さんに言いました。

「卵を産んじゃったんです」

帽子の中には卵が一個ありました。

メスの洋洋が止まり木から産みおとした卵を、とっさに自分の帽子で受けとめたのです。

よくキャッチできたな。

金子さんは感心しました。

でも、あの高さから落ちてきたんだから、ひび割れしているな。

そう思いながら、金子さんは卵の検査のための部屋に入りました。

中川さんがついてきました。

部屋を暗くして卵に光をあてます。ひびから光がもれるはずです。

光はもれませんでした。卵は無傷でした。

「奇跡だな」

金子さんはつぶやくように言いました。

「自分でもそう思います」

中川さんは短く答えました。

卵を受けとめる瞬間、卵の重みで帽子まで落としそうになり、ぐっと帽子のつばをにぎってこらえました。その動きがよかったのです。卵といっしょに落ちかけた帽子は、落下の衝撃をやわらげながら受けとめることができたのです。

2章 名のない子

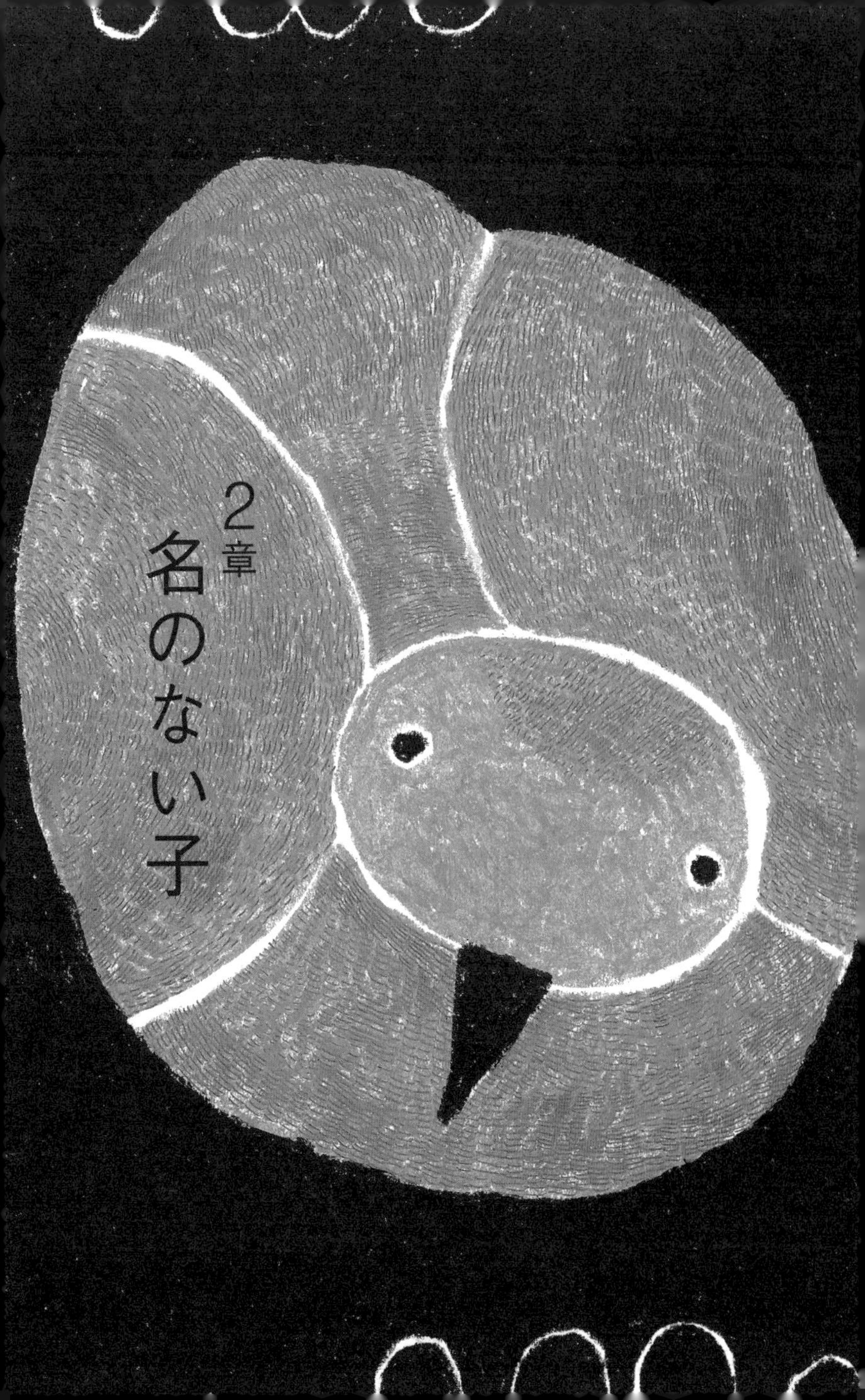

呼吸する卵

金子さんは、中川さんが帽子で救った卵を洗いはじめました。

「洗う」というより「ぬぐう」といったほうがよいかもしれません。

洗面器にはった四〇度の湯に、消毒液に使われる逆性せっけんをとかし、そこにガーゼをひたして、そのガーゼで卵を何度もぬぐうのです。

次に湯だけ入れた洗面器にガーゼをつけ、また卵を何度もぬぐいます。最後にペーパータオルで卵にのこった水分をふきとります。

中川さんは、金子さんの手つきを見つめながら、思いました。

ゆっくり、やさしく、赤ちゃんをお風呂に入れる時のように洗うんだ。

最後に金子さんは卵のカラに4Bの鉛筆の丸めた先をそっとあてて記しました。

「A1」

「A」は、Aペア。友友と洋洋夫婦のことです。

「1」は、その春、洋洋が産んだ一番目の卵という意味です。

卵の重さをはかりました。八五．五グラム。

A1は、その春、洋洋が産んだ七個の卵の中でもっともジャンボな卵でした。ほかは、小さいもので六九．六グラム、大きくても八一．二グラムでしたから。

金子さんは、卵からヒナをかえす孵卵器《ふらんき》の中にA1を入れました。

孵卵器の外見は電子レンジのようです。内側に卵をのせる棚がついています。棚は、たいらなものではなく、卵を落とさないようにカゴのような形になっています。

孵卵器の中は、親鳥の羽毛のあたたかさを再現し、三七．四度にしてあります。湿度は五〇パーセント台。これも巣の湿度に近づけたものです。

巣にある卵なら、上半分は親鳥の羽毛がかぶさりますが、下半分は枝草におおわれるだけです。その状態も再現するため、孵卵器の中も上下の温度をかえてあります。

巣の中で親鳥が卵をゆっくりころがすように、孵卵器もときどき卵を動かします。一時間おきに自動装置がはたらき、卵をのせたまま、棚がほぼ九〇度かたむくのです。

卵を一気にかたむけるのではありません。孵卵器の中で発育を始めて間もない卵は、血管がとても細くて切れやすいので、三〇秒ほどかけて少しずつかたむけます。いち、にぃ、さん……と拍子をとれるくらいゆっくりした動きです。

孵卵器はまさに卵のゆりかごです。

産まれたばかりの卵の中は、黄身をまんなかに、そのまわりをつつむように白身があります。ヒナの小さな体は黄身の上にうかんでいて、時々、動かさないと、そのまま大きくなってカラにくっついてしまいます。

金子さんは毎日、A1の重さをはかりました。

トキの卵は無事にヒナが生まれるまで、一日あたり平均して〇・二五〜〇・三グラムずつ軽くなっていきます。

A1も三日目まで〇・二五グラムずつ軽くなっていきました。

四日目は、へり具合がちょっと弱まりました。

五日目は、〇・一八グラムしかへっていません。

卵の中のヒナがちゃんと育っていないのかも。

金子さんはこの日もう一回、卵を洗いました。

A1はまた〇・二五グラムずつ軽くなっていきました。

卵のカラには一万個ほどの小さな穴があいています。とても小さい穴なので人間の肉眼で見ることはできません。その穴を通して卵は呼吸しています。カラを洗えば、空気の通りがよくなります。

一週間後、金子さんはもう一度、A1に光をあてました。

「ウフフ」

金子さんから笑い声がもれました。

かたわらの中川さんが聞きました。

「だいじょうぶですか」

金子さんは、ひげをたくわえた口元に笑みをうかべ、答えました。

「有精卵だ」

A1は、ヒナが生まれない無精卵ではなく、ヒナが生まれる有精卵でした。光があたったカラの中に丸い黄身が見えます。黄身のまわりに赤い血管も見えました。

メスの洋洋の卵がすべて有精卵とはかぎりません。その春も、洋洋が産んだ卵七個のうち一個は無精卵でしたから。

一〇日後、またA1に光をあてました。丸い黄身はもう見えず、卵の中は半分ほど真っ暗になりました。すくすくと育っているヒナの影でした。

卵が動いた

二〇〇三年四月二二日、A1の飼育日誌に金子さんはこう書きこみました。

「ガラスに置く。動く。音にも反応」

これを読んだ中川さんは、金子さんに尋ねました。

「動くって、なんですか」

金子さんはフフフと笑って、孵卵器からA1をとりだしました。

「こうやってガラスの板の上に置く」

孵卵器は一日四回、五分以上とびらをあけたままにします。外の冷気をとりいれて孵卵器の温度を三〇度まで下げるのです。これは、父鳥と母鳥が、巣で卵をあたためる役割を交代する時間を再現しています。

とびらをあけて待つ間、卵をとりだして重さをはかります。そのついでにガラスの板の上に卵を置くのです。

卵がガラスの板の上でゆれました。

ぴくっ。

そんな感じでまさに動いたのです。

ああ……、生きている……。

中川さんの胸いっぱいに感動が広がりました。

その感動をもりあげるように、バイオリンの音が耳元にひびきました。

ビバルディ作曲の「四季」です。

金子さんは一日四回、孵卵器のとびらをあける時、そばに置いたCDプレーヤーから音楽を流しました。ビバルディの「四季」やベートーベンの「田園」が流れます。

「卵の胎教だ」と金子さんは言います。

「胎教」を始めたきっかけがあります。

中川さんが飼育員として入る前のことです。

卵の中からカラを割れない弱いヒナがいました。金子さんはピンセットでカラむきを手伝うことにしました。その際に、卵の中の細い血管を傷つけたら、ヒナは死んでしまいます。金子さんは事前にニワトリの卵で何度も練習したのですが、練習では一度も成功せずに本番をむかえることになりました。本番は成功しました。でも、金子さんは胃に穴があきそうな思いでした。もう、こんな思いはしたくない。卵の中のヒナが元気に育つ方法はないか。そう考えた時、以前「ストレス解消にどうぞ」と贈られたクラシック音楽のCDを思い出し、「胎教」を始めたのです。

そもそも「胎教」は人間のおなかの中の赤ん坊に音楽を聴かせることです。人間の赤ん坊ならともかく、卵に音楽を聴かせて効果があるのでしょうか。

そう聞かれると、金子さんはフフフと笑ってこう話します。

「効果はあると思えばある。いいと言われることはやったほうがいいと思う。まあ、卵の面倒をみている者のために流すこともある」

さかごの卵

ところが、「胎教」にもかかわらず、金子さんはA1のカラもむくことになりました。

いったい、なにが起きたのでしょう。

トキの卵が産まれてからヒナが出てくるまで二八日かかります。その日数をかぞえ、金子さんはヒナが出てくる二日前、A1を別の孵卵器へ移しました。

それは、孵化専用の孵卵器です。そこでは湿度を六〇パーセントから七〇パーセントへ上げていきます。とびらをあけたとたん、金子さんのメガネが真っ白にくもるほどです。そこではゆりかごのように卵を動かすことはもうしません。

誕生の日が近づきました。

金子さんはA1に目をこらしました。

A1を手にとり、耳元にもあてます。

「コツコツコツ」

ヒナがカラをたたく音がします。ヒナはカラに小さな割れ目をつくりました。

その小さな割れ目は、卵のとがったほうにできたのです。

さかごだ。

金子さんは気づきました。

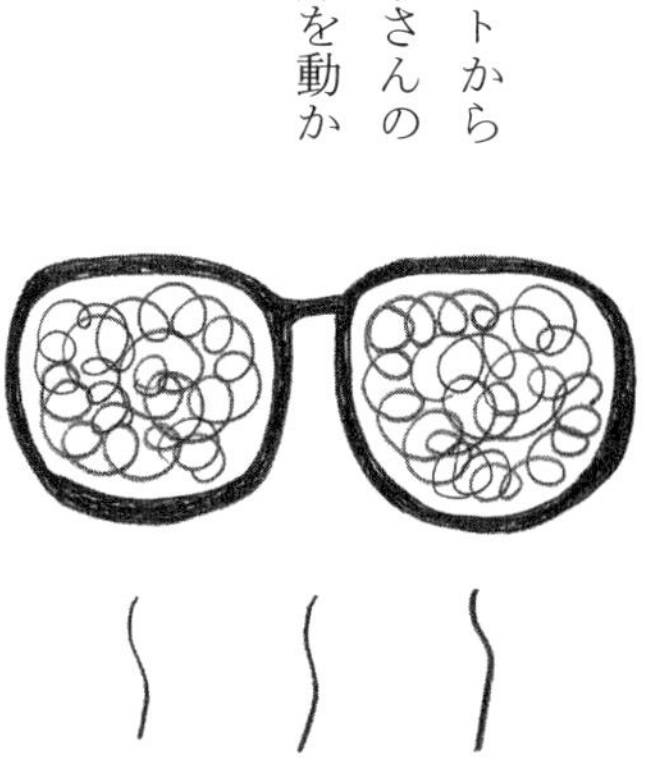

人間の赤ん坊にも「さかご」はいます。赤ん坊は頭を先に、足を最後に、母親のおなかから出てきますが、足が先に、頭が最後になる場合を「さかご」といいます。

ヒナにも同じことが起きるのです。ヒナは卵の中で体をまるめて過ごしています。頭は卵のまるいほうにむけています。カラをやぶる前に、卵のまるいほうにある気室の膜をやぶります。耳をすませば「プチプチプチ」と音がきこえます。くちばしを気室にさしこみ、空気を肺に吸いこみ、体に力をたくわえます。それからカラを割りはじめます。割れ目は、卵のまるいほうにできます。

しかし、「さかご」のヒナは、卵のとがったほうに頭をむけています。気室の空気を吸うことができません。それでもカラをやぶることができれば、とがったほうに割れ目ができます。よほど体力のあるヒナなら、とがったほうからも出てこられますが、ふつうは頭もおしりも出すことができません。

A1のヒナは、カラをやぶることはできました。割れ目から空気が入るので、ヒナの息がつまる心配はありません。

金子さんは待ちました。割れ目から、ときどき小さなくちばしの先が出入りするのが見えました。上のくちばしの先にはゴマのように小さく白いカルシウムのかたまりがついています。それをヒナはカナヅチがわりにつかうのです。三六時間ほど待っていると、割れ目は直径一センチほどの穴になりました。

いよいよ金子さんの出番です。

まず洗面器に四〇度の湯をはります。湯気の上でカラをむくのです。カラの内側の白い膜に血管がなくなっているかどうか確かめながら、ピンセットでおよそ五ミリずつカラをむきます。膜に赤い血管がのこっていれば、血管が消えるまで待ちます。

「ピッ、ピッ」

ちいさな鈴を鳴らすような声がカラの中から聞こえてきます。

金子さんはときどきピンセットを湯につけ、カラのなかに少し湯をたらします。「うぶ湯につかるんだ」と言います。カラの中がかわくと、うぶ毛もかわいてカラや膜にへばりつき、ヒナは体を動かすことができなくなるので、しめらせるのです。

ちいさな翼が出てくるまで一〇分ほどかけてカラをむきました。ヒナはくちばしを右の翼の下に入れています。金子さんは、翼の下からくちばしをぬき、カラから頭を出してやって、おしりはカラの中に残したまま、孵卵器にもどしました。

ヒナの誕生

孵化専用の孵卵器にもどってから、およそ一時間後。

「ビイィィビィ」

ヒナはちいさいながらもせいいっぱいの声をはりあげ、ちいさな脚でカラのへりをぐいとけりました。その時刻が誕生の時間です。五月一日午前一〇時四五分でした。

ヒナに名前はつけませんでした。

当時、名前をつけても、覚えきれないほどヒナがふえていたからです。

A1の卵から生まれたヒナには50という番号だけがつけられました。

戦後の佐渡島で人間の手で育てられる五〇羽目のトキという意味です。

50はメスでした。

卵のカラの内側の膜に残っていた血液を大学で調べてもらってわかったのです。

50は女の子ながらも、生まれた時の体重は六五.三グラム。同じ春に生まれたきょうだいの中で一番大きく、ジャンボな卵からは、やはりジャンボなヒナが生まれました。

金子さんは50をてのひらにのせて、手作りの巣へ移しました。

巣は発泡スチロールのブロックです。ホームセンターで買ってきました。ブロックのまんなかは電熱カッターでくりぬいてあります。50の脚がすべらないように少しデコボコをつけてくりぬき、コットンのタオルをしいてから、50をおきました。

金子さんは、50を入れた巣を、育雛器《いくすうき》へ移しました。育雛器の外見は、更衣室のロッカーのようです。上下二段にわかれています。一段に一つずつ巣を入れます。巣の下には医療用のペーパータオルもしきます。

二段あわせた高さは一・五メートルほど。とびらは透明なアクリル板なので、外からでも巣の様子を見ることができます。

育雛器は部屋の壁にそってずらりとならべてあり、部屋の中央には大きなテーブルが置いてあります。

育雛器の温度は、初日は三六度ほどに設定します。親鳥のぬくもりに近い温度です。生まれたばかりのヒナは、まだ自分で体温調節ができないので、保温が必要です。

三六度の暑さでは、フンからすぐに細菌がふえてしまいます。一日四回のえさの時間に巣の中のタオルも、巣の下の医療用ペーパータオルも、とりかえます。そのつど、育雛器の床も、壁も、天井も、きりふきで消毒液をかけてそうじします。

コットンのタオルは洗ってまた利用します。まず手洗いでフンを落としてから、洗濯機へ。そのころは人間の赤ん坊のほにゅうびんを洗うためのせっけんを使っていました。

卵から出てきたばかりの五月一日、50は発泡スチロールの巣の中で体をまるめたまま寝ていました。ときどきピクピクッと体をふるわせています。金子さんといっしょに見つめながら、中川さんのほほにえくぼがうかびました。

卵の中にいたころの夢を見ているのかな。

鳥のヒナには、ニワトリのヒヨコのようにすぐに歩きはじめるものもいれば、そうでないものもいます。トキのヒナは、ヒヨコとはちがいます。人間の赤ん坊と同じように生まれた直後は目が見えず、首もすわらず、立つこともできません。

卵から出てきた直後の50はお世辞にも「かわいい」とは言いがたい姿でした。体がまだぬれていて、うぶ毛は赤みをおびたひふにぺたりとはりついています。顔はひふがむきだし、大きな目をとじたところはカメレオンのようです。

おとなのトキは顔も脚も真っ赤ですが、生まれたばかりの50は顔も脚も真っ黒。おとなのくちばしは黒く長く、下むきに湾曲し、その先端は赤いのですが、生まれたばかりの50のくちばしはツンとまっすぐにのび、先端はレモン色です。

たきたての米粒みたい。やわらかく、あたたかみのあるくちばしに、そうっとふれながら中川さんは思いました。

50が生まれた直後、金子さんはえさをあたえませんでした。卵の中では黄身の栄養だけで成長してきました。生まれた直後も黄身の栄養が残っているので、半日は空腹を感じません。50はえさを口にする前に一度、赤茶けたペースト状のフンをしました。

半日後、初めて50にえさをあたえました。

えさを作る

ヒナのえさは、金子さんが年月をかけて考案したものです。

トキは草や葉など植物は食べません。食べるのはドジョウやカエルなどの動物です。

しかし、ドジョウに有害な細菌や寄生虫がいれば、それを食べたヒナが病気になってしまいます。

昔、農薬に汚染されたドジョウを食べて死んだトキもいました。

金子さんは、東京の多摩動物公園の飼育員杉田平三さんに相談しました。杉田さんは金子さんより六歳上。トキに近い種類の鳥は世界に二三種類いますが、杉田さんはそのうち一〇種類を育ててきました。杉田さんは金子さんにこう答えました。

「トキは虫も食べる。その虫は菜っ葉を食べる。だから菜っ葉をつかう」

そうして作り上げたヒナのえさを金子さんは中川さんに教えることにしました。

「えさを作るから、見に来て」

金子さんはそれだけ言うと、いつものように背をむけ、歩いていきました。

中川さんは金子さんの背中を追いかけます。

金子さんはケージのわきにある調理室に入りました。冷蔵庫からスーパーで買ってきた小松菜をとりだし、水で洗います。三〇分ほど水をかけつづけます。農薬が残らないように念入りに洗うのです。そのあと小松菜の茎も葉もいっしょにミキサーにかけます。

えさは三日分ほど作り置きします。プラスチック製の試験管にわけて冷凍しておき、つかう直前、熱い湯をはった洗面器に試験管をつけてとかします。

金子さんは中川さんに手本を示しました。

とかしたえさを自分の手の甲に一滴二滴のせて言いました。

「熱すぎてもだめ。冷たすぎてもだめ。人肌ぐらいがいい」

中川さんは感心しました。

人間の赤ん坊にミルクをあげる時とおんなじだ。

50のために金子さんはボールペンより細い一ミリリットル用の注射器を手にしました。

注射針はつけていません。

注射器の先の注射針をつけるために細くなっている部分は切り落とし、その切断面は火であぶってとかし、まるみをつけています。

50たちがけがをしないよう、細心の注意をはらいます。

金子さんは育雛器から発泡スチロールの巣ごと50をつれてきて、部屋の中央にあるテーブルに置きました。金子さんは、てのひらにのるほど小さな50が、ちょっとあごを上げたのに合わせて、そのくちばしを左手の親指と人差し指ではさみました。

はさむのは、かるく、一瞬です。

50は、金子さんの指を親鳥のくちばしだと思って、大きく口をあけました。

金子さんは自分の鼻先がくちばしにくっつきそうなくらい50に顔をよせます。

50の口の中をのぞきこみ、気管に入れないよう、食道をめがけて、右手の注射器からえさを流し入れます。

中川さんがあとかたづけをします。洗剤は使いません。試験管も、カップも、水と湯だけで洗います。

一日たつと、50のうぶ毛はかわき、フサフサになりました。

毛は灰色です。おとなのように白くはありません。

一週間たてば、目があきます。目はまだ黒一色です。

大きくなるにつれ、黒いひとみのまわりは黒色から灰色、レモン色、そして黄色へかわり、顔のひふの色も黒から灰色、レモン色、オレンジ色、そして赤色へかわっていきます。

その春は、50をふくめて一九羽のヒナが生まれました。

食事は一日四回。ロッカーのような育雛器をならべた部屋は、ふだんは明かりを消し、うす暗くしていますが、食事時には明かりをつけます。

部屋がパッと明るくなると、ヒナたちもパッと目をさまします。金子さんと中川さんの姿を見て、ピンとくるのでしょう。みんないっせいに鳴き出します。

50も、タンポポのわた毛をまとったような首をぐーんとのばし、上下にゆらして、くちばしをさしだし、自分の思いをせいいっぱい伝えます。

「ヒョロロロロー」

50が生まれてから一〇日たちました。

体重は三〇〇グラムほどにふえました。

まだ立つことはできませんが、首も腰もすわってきました。

金子さんは中川さんに50のえさやりを任せることにしました。

失敗をこえて

朝八時半、中川さんはおだやかな声をかけながら、育雛器のとびらをあけました。

「おはよぉ。お待たせ。ごはんだよ」

育雛器から巣ごと一羽ずつヒナをとりだし、金子さんを手伝って体重をはかり、タオルをとりかえ、育雛器の棚の消毒をすませます。

一羽の世話に五分ほどかかります。その間、ほかのヒナは育雛器の中で待ちます。小さな子が先です。その春早くに生まれた50は、三〇分以上待たなければなりません。

おなかがそれほどすいていなければ、また寝入ってしまいます。空腹でたまらない時は、声がかれても「ウゥ、ウゥ」と鳴きつづけています。ついには、育雛器にそなえつけてある温度センサーを小さなくちばしでつつきはじめます。人間の小指大のセンサーを親鳥のくちばしに見立てているようです。

ようやく50の順番がきました。

「おなかすいたあ」と言うように声を上げ、中川さんのほうへ首をのばします。中川さんが発泡スチロールの巣にそえた手を、せかすようにつつきます。

この時、中川さんは少し緊張します。50が巣からころがりおちたら大変です。食事時にかぎらず、巣の外へむかってフンをする時にいきおいあまって育雛器の床にころがりおち、血だらけになってしまうヒナもいますから。

50を巣ごと部屋の中央のテーブルへ移すまで、中川さんは50の体にそっと片手をそえました。またもや「おなかすいたあ」と50はその手をつついていました。

その翌朝のことでした。

金子さんが先に50にえさをやっていました。えっ。中川さんは顔色をかえました。

「もう終わったんですか」

中川さんが声をかけても、金子さんは何も答えません。

50の飼育日誌を見ると、「下痢」と書かれていました。

「下痢したんですか」

中川さんが聞くと、金子さんは歩きながら「あげすぎたんだろ」とだけ答えて、部屋を出ていきました。その日、金子さんはついに、中川さんに手を出す間をあたえませんでした。

その夜、中川さんは帰宅すると、高校教諭の夫に打ち明けました。

「どうしよう。どうしたらいいんだろう」

「仕事なんだから、ちゃんと指示をあおぎなさい」

次の日の朝も金子さんは何も言わずに50にえさをやっています。その間に中川さんは50の育雛器をそうじしてから、意を決して、金子さんにたずねました。

「いっぱい食べると、おなかをこわしますね。ほしがるだけ、えさをあげると、だめなんですかね」

金子さんはいつもの低い声で答えました。

「おれもあげちゃうけどね。腹八分目だよ」

金子さんはゆっくりと言葉をつぎました。

「下痢をすると、悪い細菌がふえる。脱水もおこす」

ちゃんと話せた。中川さんはほっと胸をなでおろしました。

金子さんにはつらい思い出がよみがえっていました。

金子さんがひとりでヒナの世話をしていた年でした。ヒナがふえて育雛器が足りなくなりました。苦肉の策として、本来は一段に巣を一つずつ置くところを、一段に巣を二つならべました。巣の間は板で仕切りましたが、一つの巣でヒナがおなかをこわしました。フンは水をふきつけたように天井にも壁にも床にも飛び散り、隣の巣にも飛びました。育雛器の中は真夏の暑さ。あっという間に細菌が発生。そのヒナも、隣のヒナも、息絶えました。

そのニュースが全国に伝えられると、事務室の電話が鳴りつづけました。電話口から怒鳴り声がひびきました。「何羽殺せば気がすむんだ」。返す言葉が見つかりません。それからは受話器をとるのをやめました。しかし、その思い出は中川さんの前では口には出さず、心の奥にしまいこみ、金子さんはまた黙々とヒナの世話をつづけていました。

その日の午後、中川さんはもう一度、思い切って金子さんに尋ねました。

「次のえさはどうしますか」

「じゃあ、やって」

ふたたび50の世話は中川さんに任されました。

3章 巣立ちの日

洗面器で日光浴

食事の時、育雛器から50たちのにぎやかな声が聞こえてきます。鳴くのはおなかがすいているから。おなかがすくのは元気だから。中川さんはうれしくなって話しかけました。

「そうか、そうか、おなかがすいたか」

育雛器のとびらをあけながら、巣のまわりのフンを点検します。もりあがった形のフンに安心して、つい、また言葉をかけてしまうのでした。

「いっぱいウンチをして、いい子だね」

二〇〇三年春、金子さんはそんな中川さんによく注意していました。

「ペットじゃないんだから。人間の言葉をしゃべるな」

50がおなかをこわしてからは、中川さんは食事時、50の口をよく見るようになりました。おなかがいっぱいになるにつれ、口のあけ具合もだんだん小さくなるのです。

「ピーッ、ピーッ」という大きな鳴き声も、「ビュッビュッビュッ」と小さくなり、上にのばしていた首もだんだん下がっていきます。「腹八分目」の合図でした。

50を育雛器へもどしました。50はうぶ毛におおわれたちいさな翼をパタパタと動かし、「うーん」と、のびをすると、コトンと眠りに落ちるのでした。

食事の時以外も、金子さんと中川さんは育雛器のとびらごしに50たちをのぞきました。ふだんはまるまって寝ている50が、くちばしをあけて「ハアハア」とあえいでいることがありました。50たちはだんだんと自力で体温を調節できるようになるので、暑さにあえぐたびに育雛器の温度を一度ずつ下げるのでした。

生後一四日目。50の育雛器の温度は二五度になりました。その日、50は育雛器の部屋から、大きな部屋へ移りました。

部屋の床はコンクリート。人工芝がしいてあります。パネルヒーターも置いてあり、とびらをしめれば、室内をあたためられます。

とびらをあければ、砂をしきつめた運動場に出られます。運動場は鉄骨と金網でかこまれたケージになっています。水をかけ流しているプールもあります。

その部屋では洗面器を巣のかわりに使います。直径三五センチのプラスチック製の洗面器です。50の体重はおよそ一キロ。そのころには洗面器の外へおしりをむけてフンをすることができます。

50は、誕生日が近いヒナ三羽と同室でした。

朝八時半、中川さんが部屋に入ってくると、四羽はいっせいに「ピーッ、ピーッ」と声をはりあげ、「わたしが先にごはんをもらうの」と言うように、ほかのヒナにくちばしをむけました。元気な証拠ですが、中川さんは気をつけます。親鳥といっしょの時には起きませんが、洗面器の巣では勢いあまって、ほかのヒナを傷つけてしまうことがありますから。

四羽の中で一番強い子がいるわけではありません。一番おなかをすかせている子がくちばしを忙しくふりまわします。その子も満腹になると、うつむいてしまい、今度はもっとおなかをすかせた子が一番元気な声を上げ、くちばしをふりまわしています。

部屋は東むきです。天気のよい朝は、運動場の砂の上に日の光がふりそそぎます。そこへ移ってから初めての晴天の朝、中川さんは、食事の後、50たちを洗面器に入れたまま運動場へ置き、日光浴をさせてみました。その間に、部屋のコンクリートの床にしいてあった人工芝をとりかえ、床をデッキブラシでみがきます。

50たちにとっては初めて目にするデッキブラシと人工芝です。

「あれ、なんだろう。こわいものかな」

洗面器の50たちはそんな思いを全身で表現していました。それぞれ洗面器の底に身を隠すように

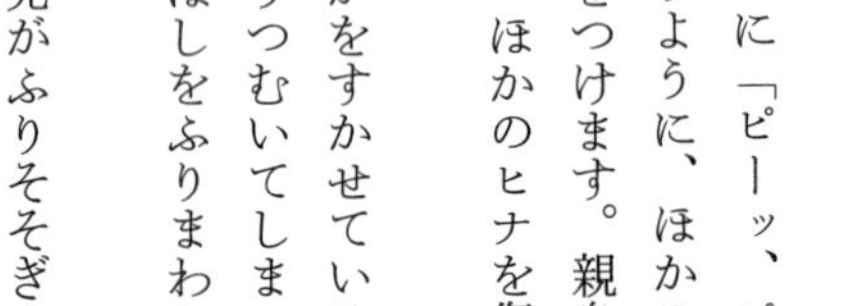

ふせ、ある子は洗面器の内側に左のほほをぺたりとつけてデッキブラシや人工芝を右目でにらみつけ、別の子は右のほほを洗面器につけて左目でにらんでいます。頭のうしろに生えてきたちいさな短い羽根のたばがピンと上にむかって立ち、ちいさなかんむりをかぶっているようです。その名も冠羽《かんう》といいます。

「だいじょうぶだよ」

中川さんは、50たちのさかだった羽根をなでながら、声をかけました。

トキの頭のうしろには、羽根がたばになって左右の肩へかかるようにのびています。おとなのトキなら、その羽根は短いもので二センチ、長いものでは一二センチあり、耳元では短く太く、頭のうしろでは長く細くなり、左右対称にはえています。

まるでドレッドヘアみたい、と中川さんは思います。

この羽根を、気分のよい時や、怒った時、警戒する時にさかだてます。ただし、おびえている時はさかだてず、ドレッドヘアのままです。

数日後の日光浴の日。

中川さんはデッキブラシで床をこすっていました。

木立から元気な鳴き声が聞こえてきました。

「ピーヨッ、ピーヨッ」

中川さんは手を動かしながら、50たちにやさしく話しかけました。

「ほうら、いま鳴いていたのが、ヒヨドリだよ」

そう言いながら、中川さんが運動場へ目をむけると、50たちは、しりもちをついたようなかっこうで洗面器の中にすわっていました。

デッキブラシにも人工芝にもすっかり慣れました。レモン色の顔をうずめることはせず、まんまるの黒い目がきょとんとした表情で中川さんをながめていました。

やさしいオス

50が生まれた春、50の両親の友友と洋洋は、けんかしながらも、卵を三回産みました。三回というのは「卵を三個産んだ」という意味ではありません。

一回目にまず卵を五個産みました。

二回目にまた卵を五個産みました。

三回目には一個だけ産みました。

「五個産んだ」と言っても、五個を一度に産むわけではありません。

一回目、メスの洋洋は四月三日に50の卵を産み落としてから、一日おきに一個ずつ産みました。五個目の卵を産んでから三日後、金子さんが巣の卵を孵卵器へ移しました。

ふだん金子さんは、ケージへ入る時に、つばをうしろむきにして帽子をかぶり、メガネは外します。光を反射するメガネにトキがおびえるからです。

巣の卵をあつめる時は、ちがいます。帽子をかぶらず、青いタオルを頭にまき、メガネをかけます。トキは顔を見分けられるので、「ごはんをくれるいつものやさしいおじさんではありませんよ。これは悪いおじさんですよ」と変装するのです。

卵を守るため、オスの友友も、メスの洋洋も、「悪いおじさん」に大声でさけびました。

「ターアッ」「ターアッ」

ドレッドヘアのような頭のうしろの羽根は総立ちです。しかし、「悪いおじさん」が巣までやってくると、卵をあきらめ、巣から離れていきます。自分たちまでつかまるわけにはいかない。せめて自分たちは生きのびて子孫を残そう。そう思うのでしょう。

九日後、メスの洋洋は、また卵を産みはじめました。一日おきに一個ずつ産んでいきます。これが二回目です。

二回目に産んだ卵もすべてとられてしまうと、もう一度、子孫を残すために卵を産みます。それが三回目です。

毎回、どんなにさけんでも、「悪いおじさん」が来て、卵をとっていきます。卵がなくなった巣を前に、オスの友友も、メスの洋洋も、くちばしで一生懸命に自分の羽根をなでつけ、気をしずめていました。

その春、優優と美美の夫婦も、卵を三回産みました。

彼らの巣にも「悪いおじさん」がやってきました。

ただし、優優夫婦のケージにむかう時、金子さんはビニール傘をたずさえていきます。

メスの美美は、「悪いおじさん」が来れば、遠くへ逃げていくのですが、オスの優優は、金子さんが卵の時からつきっきりで育てましたから、人間をこわがりません。「悪いおじさん」と戦うため、巣の上で地団駄をふむように足踏みをはじめ、その激しさに巣はひっくりかえりそうです。金子さんはビニール傘をひろげて巣をおおい、優優を遠ざけながら、卵を手早くあつめます。

中川さんはその様子を事務室で見つめていました。

事務室にはテレビのようなモニター画面が何台もならんでいます。ケージにとりつけたモニターカメラが、ケージ内の映像を画面に映しだします。カメラはケージの音声も画面へとどけます。まさにテレビの生中継を見ているようです。

中川さんは、モニター画面でトキたちの様子を観察し、金子さんの動作も追います。

金子さんが優優夫婦の巣から卵をあつめた直後でした。

モニター画面を見つめていた中川さんは、ハッとしました。

卵をとられたあとのからっぽの巣を前に、オスの優優は、父の友友が見せたことのないふるまいをしたのです。

優優はメスの美美のそばへ行き、自分のくちばしを美美にむけました。美美の羽づくろいをはじめたのです。その様子は「そんなに悲しまないで」と懸命になぐさめているようでした。父の友友は母の洋洋にそんな仕草を見せたことはありません。

優優はやさしいな。

中川さんは感心しました。

優優の子どもたちも、父親のやさしさをうけつぎます。そのうちの一羽が、こののち、50におだやかなひとときをあたえたのです。

ヒナたちの成長

50たちが運動場つきの部屋に入った時、金子さんは中川さんにこう注意しました。

「水浴びするようになるまで、夜はちゃんととびらをしめて。体にあぶらがついていないので水をはじかない。雨にぬれると、体温がさがっちゃうから」

運動場つきの部屋では、50は立つ練習からはじめます。

洗面器の巣に移ったばかりの時はまだガクガク、グラグラしながら立ち上がる状態でした。数分しか立っていられず、すぐにペタッとすわってしまいます。三日もすると、細い脚をチョキーンとのばして立ち上がれるようになります。

次に歩く練習がはじまりました。最初は、洗面器の中を歩いてはすわり、また歩いてはすわっていました。生後二五日を過ぎると、洗面器の外へ出ます。

天気のよい昼間、中川さんは運動場に通じるとびらをあけておきました。

50たちは運動場に出て、自分のくちばしで相手のくちばしをはさんでみたり、頭を軽くつつきあったりしていました。遊んでいるようです。遊び疲れると、運動場の隅で四羽くっつくようにして休んでいました。おとなのトキには見られない光景でした。

「ごはんだよぉ」

中川さんがえさを持ってくると、50たちは喜んであつまってきました。こんなことも、おとなのトキにはなかなか見られません。

「ギュルギュルギュル」

甘えたような声を出して、中川さんが差し出す手にくちばしをのせてきます。生まれたばかりのころは一ミリリットル入りの注射器でしたが、このころは二〇ミリリットル入りの注射器を使ってえさをやります。

ほどなく50たちは自分で水を飲めるようになりました。

注射器は卒業です。

運動場には小さなプールがありました。

中川さんはそこにドジョウを放しました。生きているドジョウです。最初のうちはくちばしを水の中に入れてドジョウを追いかけるだけでした。生後三〇日になるころ、ドジョウをつかまえて食べるようになりました。

脚をおりまげて、顔を水につけたまま、翼をパタパタさせていたこともありました。

水浴びしている気分なんだな。中川さんの顔に笑みが広がりました。

歩き慣れたころ、50たちは走りはじめます。

走りながら、ハタハタと翼を動かしました。

そのうちにフワッと飛び上がるようになりました。

それをくりかえすと、次には、中川さんが部屋に入ってくるのを見つけるやいなや、運動場の隅から、ヒューッと飛んでくるようになりました。

「ギュルギュルギュル、クアッ」

「ごはんちょうだい」と甘える声に、「クアッ」と高音の声がくわわるようになりました。声変わりです。

トキは「女の子なら高い声」「男の子なら低い声」というわけではなさそうです。オスでも甲高い声を出すヒナがいて、声音は一羽一羽ちがいます。声変わりの数日間、よそよそしくなり、すこし食欲も失います。

人間の子どもの人見知りのよう。中川さんは思いました。その数日が過ぎると、ふたたび、「ごはんはまだなの」とねだるようになります。

生後四〇日を過ぎるころでした。

50は、パタパタと飛び上がり、運動場におかれた高さ六〇センチほどの止まり木にあがりました。

止まり木には丸太を使いました。初めのうちは、ヒョコヒョコと丸太の上を歩きながら、時々、ズルッと脚がすべり、バタバタッと急いで翼を動かしてバランスをとります。平均台の上の体操選手のように、スッスッと歩けるようになるまで少し練習が必要でした。

生後四四日目には丸太の上を難なく歩けるようになり、水浴びも上手にできるようになりました。

運動場のプールから出てきて、ブルブルブル、と翼をふるわせます。

その姿に中川さんは笑みをこぼします。おぉ、いっちょまえになって。

パネルヒーターの必要のないケージへ移る日がやってきました。

ホオアカトキの子

二〇〇三年六月七日、優優と美美の巣に異変がおきました。

朝九時二〇分、「悪いおじさん」がやってきて、その春、メスの美美が三回目に産んだ卵二個をすべてとっていきました。

「悪いおじさん」がいなくなり、卵がなくなったからっぽの巣へもどってきた優優と美美は、目をまるくしました。巣の中には一羽の見知らぬヒナがいたのです。

トキに近い種類のホオアカトキのヒナでした。

金子さんが卵をあつめた後、生後七日のヒナを巣に入れておいたのです。

トキを孵卵器で育てれば、確実にふやすことができます。しかし、ゆくゆくトキを野山へ放すには、親鳥に育てられたトキを放すほうがいいと言われていました。そのためには卵もヒナもトキに任せたいのですが、まだ数の少ない大事なトキのヒナを任せて何かあってはいけません。そこでホオアカトキのヒナで子育ての訓練をすることにしたのです。

ホオアカトキの子は真っ黒でした。

灰色のトキの子とはちがいました。

オスの優優も、メスの美美も、おどろいて、ぼうぜんとしています。

「ヒュルヒュルヒュル」

ホオアカトキの子は空腹をうったえて鳴きました。巣に入れる直前、金子さんはホオアカトキの子にえさをあたえませんでした。そのほうが、巣に入れた時に大声で鳴くでしょう。その声は、優優夫婦の親心をくすぐり、優優たちはいてもたってもいられなくなるはず。そう金子さんは期待しました。思った通り、その子はおなかがすいてたまらず、必死に鳴きました。が、その声は、トキの子の声にくらべ、とても小さかったのです。

美美は鳴き声にひかれるように巣へ近づいてきました。

でも、あと一歩、踏み込む勇気が出ません。

おや、優優はどこ。

事務室で金子さんと中川さんがモニター画面をのぞくと、優優は、美美の背後にまわり、自分の体で美美の体をクイクイッと巣のほうへ押し出そうとしています。

「ねえねえ、ちょっと見て来てよ」

そう言っているようです。優優が先頭に立とうとする気配はまったくありません。

「そんなことを言われても」と断るように美美もしりごみしています。

ついに美美も優優も巣から離れてしまいました。

夕方四時半、金子さんは中川さんに言いました。

「中川、行け」

「はい」

中川さんはホオアカトキの子を連れ帰ってきました。その世話を金子さんは中川さんに任せました。中川さんはホオアカトキの子を「ホッチー」と名づけました。

「ホッチー、かわいいね」

中川さんがそう言ってかわいがったので、すっかり人間に慣れて大きくなりました。ホッチーは、いまも佐渡トキ保護センターにくらしています。

ホッチーはメスなので、メスのトキたちといっしょです。

50といっしょにくらしたこともありました。

おとなになっても、羽根の色は真っ黒。

白いトキにかこまれ、紅一点ならぬ、黒一点です。

中川さんがドジョウを入れた洗面器を持ってくると、ホッチーは待ちきれず、よってきて、中川さんの手元の洗面器に顔をつっこんできます。

「ホッチー、ちょっと待ってよ」

そこまで中川さんに近づいてくるトキはいません。ホッチーが中川さんをこわがらないので、ほかのトキもおおさわぎせず、落ち着いて見ています。中川さんにとってホッチーはとても頼もしい存在です。

ホッチーにはなかよしのメスがいました。

そのメスの近くへ行き、顔を上げ下げして鳴きます。

「ゲッゲッゲッゲッ」

トキの声とはまるで違いますが、あいさつのようです。

ほかのトキは、自分が翼を広げる範囲にホッチーが来れば、いやがります。ホッチーもそれを察して近づきません。なかよしのメスだけはホッチーが近くに来てもいやがらないので、ホッチーもそのメスのそばで機嫌よく顔を上げ下げして鳴いていました。

トキはメスだけでくらしていても、そこになかよしのトキがいると、春先には巣をつくるまねをしたり、ヒナにはならない無精卵を産み落としたりします。

ホッチーも、なかよしのトキがいたので、春には石ころを集め、ずずずっと雑草をぬいてきて、地上で巣づくりのまねをしていました。

八羽で引越し

ケージを建設する時には、ケージの中に川からもってきた砂をしきます。トキを入れる前に、金子さんや中川さんは大きな磁石や金属探知機を使って砂の中に落とし物がないか調べます。中川さんは金子さんからこんなことも聞きました。

「クロトキがクギをのんでいたことがある」

クロトキもトキに近い種類の鳥です。佐渡トキ保護センターで飼っています。中川さんの磁石にボルトやナットがひっかかったこともありました。釣り針が見つかったこともあります。川で釣り人が落としたものでしょう。二回、三回、と磁石や金属探知機をすべらせます。

止まり木をとりかえた時も、ゴルフネットをはりかえた時も、ケージの中で作業をした後は必ず、磁石や金属探知機を使って落とし物がないか確かめてから、トキたちを移します。

二〇〇三年六月一三日、準備がととのったケージへ、50たちが引越します。

金子さんと中川さんたちは虫取り網のような白い網を持って50たちの部屋へ入りました。網をはったアルミ製の円形のパイプには、やわらかいスポンジがまきつけてあります。50たちにけがをさせないための工夫です。

「つかまえるのにちゅうちょしたら、だめ。かえって、けがをさせる。力任せにおさえつけるのも、だめ。トキも逃げようと力んで事故になるから」と中川さんは教わっていました。

すばやく50たちをつかまえました。50の首は自分の腕とおなかの間にはさみ、体は自分のわきばらでおさえこみました。

すぐに靴下で目隠しします。

靴下はあらかじめ、つまさきの部分を切り取っておきます。そこからくちばしを出せるようにしておくのです。靴下の足首の曲がり具合はトキのあごの角度に合います。中川さんは金子さんから「靴下を自分の手首に通しておく。その手でくちばしをつかみ、あとは靴下をひっぱりあげて顔にかぶせればいい」と教わりました。

つかんだくちばしは、あたたかく、人間のつめのような手ざわりです。くちばしをもつ手に熱い鼻息がかかります。顔のひふは、人間の額のようなかたさがあります。ひふの下は筋肉と骨です。人間のほほのようにやわらかな感触はありませんが、幼い50のひふはモチモチとしていました。

靴下で50たちの目をふさぐと、彼女たちは動かなくなります。50たちがけがをしないように深めの段ボール箱に入れて、静かにケージへ運びました。

この時、金子さんたちは気を張りました。トキはおくびょうで、パニックになりやすく、ケージへ移す時は事故が起きやすいのです。

50たちがくらすケージの広さは一二〇平方メートルです。

金子さんと中川さんたちは、50たちを一羽ずつ箱からとりだし、両手にだいたまま、「こんなところだよ」とゆっくりケージの中を見せました。

それから地面におろしました。

50は同じ春に生まれた妹や弟の七羽といっしょでした。

駆け出す子もいました。地面をつつきはじめる子もいました。

おとなのトキにくらべ、幼いトキはあちこち動きまわります。

止まり木が目にとまり、飛び上がる子もいました。

「へぇ、よさそうな所だ」と思ったのでしょう。

一羽、二羽、とつづき、八羽みんなが止まり木にあがりました。

ところが、そこは二メートルの高さでした。それまでいた部屋の止まり木は六〇センチの高さでしたから、二メートルもの高い所は初めて。おりようにも、どうしてよいか、わかりません。高い木にのぼったきり、おりられなくなった子ネコのようでした。

止まり木からおりられないまま、日が傾いていきます。

中川さんは、馬肉で作ったえさをてのひらにのせ、背のびして、止まり木の50たちへ差し出しました。50たちは中川さんの手からえさをもらって空腹をいやしました。

金子さんと中川さんにとっては予想外の出来事でした。

50たちは、とつぜん白い網でとらえられた経験から、人間を警戒するようになっていました。金子さんと中川さんたちがだきかかえておろそうとすれば、八羽は気が動転して、事故につながるかもしれません。

50たちは、中川さんが差し出すえさを待つばかり。

しかし、それだけでは足りません。

好物のドジョウは、ケージの中のプールにいます。

ようやく一羽がプールをめざしてバタバタと飛びおりました。

ころがり落ちるようでした。

つづいて、また一羽。

四日かけて八羽はみんな地上におりることができました。

わが家

たいへんな引越しでしたが、一ヵ月もたてば、ケージは居心地のよい家になりました。

ケージは南むきです。夏の光が深紅の鉄骨と金網の間からさしこみ、かわいた砂地の上に格子模様の影をつくります。金網の手前にはってある緑色のゴルフネットのこまかな網目からは、ケージを囲む木々の間をくぐりぬけてきた風がそそぎこみます。

50たちは止まり木で休んでいました。

人間は横になって休みますが、50たちは横にはなりません。両脚で止まり木に立って休みます。あるいは片脚だけで立って休みます。右脚で立つ時、左脚はおなかの羽毛の中に入れておきます。涼しい日陰で休む時、右脚で立っていれば、首は左うしろへ傾けます。左脚で立っている時は、首は右うしろへ傾けます。くちばしは背中にのせます。寒ければ、くちばしは翼の間にしまいます。

トキの首は、フクロウほどは回りませんが、一八〇度以上はまわすことができます。

うつらうつらとまどろんだ後、50たちはくちばしを上下に大きくあけます。

「ふわーあ」という声が聞こえてきそうな大あくびです。

止まり木に両脚をそろえます。

ぐーっと前かがみになり、頭をさげていきます。

尾羽はぐーっとうしろへ高くもちあげていきます。

それから、片方の翼をぐーんと横にのばし、次に、もう片方の翼もぐーんとのばします。

「さあ、そろそろ食事だ。起きなくちゃ」

そう言うようにパタパタと地上におりてきます。

二メートルの高さにもすっかり慣れ、ふわりと着地します。

ケージの食事は一日三回です。

朝八時半、中川さんは馬肉で作ったえさを届けます。ケージに入る前、中川さんは廊下で声を出し、えさの器をのせた台車をおしながら、音を立てます。

「人間が来るぞ」

50たちにそう気づかせるのです。

地上にいたものは、つかまらないように止まり木へあがります。とびらのそばの止まり木にいたものは、かくれるように奥の止まり木へ移ります。

中川さんはえさの器を運び入れながら、目のはしで八羽いるかどうか数えました。

50たちと目が合っても、見つめかえすことはしません。

一羽一羽の姿勢も注意しました。

体中の羽根をふくらませているのは悪寒のせいかもしれません。急いで金子さんへ知らせます。最初の春は、あわてて「一匹のトキが」と口走ってしまい、金子さんから「一羽だろ。しろうとげなことを言うな」と注意されたこともありました。

顔色にも目をとめます。赤い色がうすまり、黄色がかっていれば、貧血かもしれません。赤色が濃くなって、どす黒くなっていれば、それも具合が悪い証拠です。赤い額がちぢまってせまくなっているのも体調が悪いためかもしれません。

もっとも、これらを見分けるのはむずかしく、中川さんは金子さんにこんな緊急連絡をしたこともありました。

「顔がげっそりやせてしまっています」

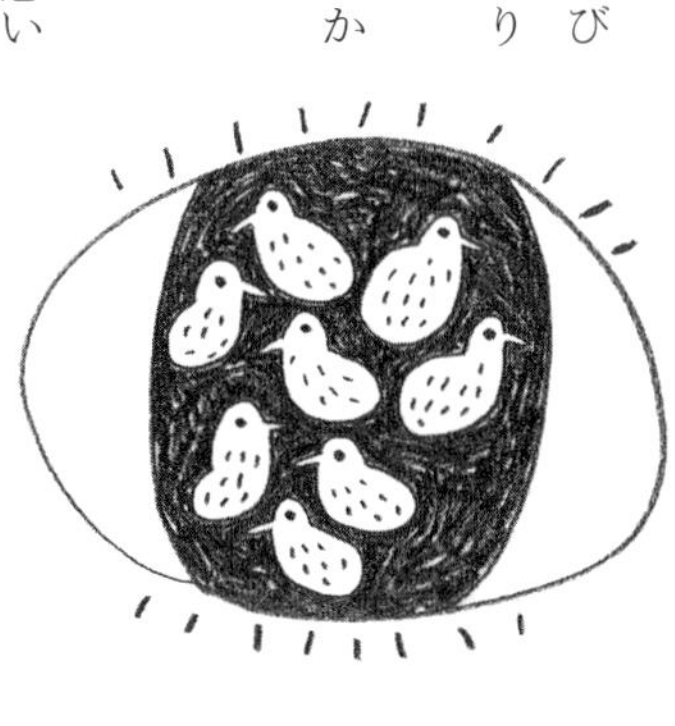

金子さんはそのトキがいるケージへすぐに出向きました。

しばらくしてケージからもどってきた金子さんに、中川さんは心配しながら聞きました。

「どうでしたか？」

「ん……」

金子さんはちょっと考えるように口をすぼめてから答えました。

「あれは、ああいう人相なんだ」

ユーモアたっぷりの返答に、中川さんはほっとするやら、おかしいやら。言葉づかいには厳しい金子さんですが、「こんなことで呼び出すな」と中川さんをしかったことはありません。

目のかがやきを失っている時も注意します。おなかのよごれも注目します。おなかをこわせば、白い羽根がフンでよごれます。びっくりして飛びまわる時も、ピシャッとフンをするので、おなかがよごれます。
白い胸が真っ赤になっている子がいたこともありました。
中川さんは、心臓がドキンと鳴りましたが、ゆっくりとびらへ向かいました。とびらは少しだけあけておきます。「またもどってくるよ」と50たちに伝えるためです。
廊下に置いた台車から、双眼鏡、メモ、ペンをとってもどり、その子の脚のリングの番号を確認し、それから急いで金子さんに伝えました。

「一羽が胸から出血しています」

「胸？　ああ、ツメが折れたんだな」

金子さんはいつもの低い声で応じて、そのトキがいるケージへ出かけました。

ツメが折れて痛む脚をもちあげていたので、胸が血でそまったのです。ツメが折れたままでは出血がつづき、命とりになります。そのトキをつかまえて、ツメをすっぽりぬきました。そうすると出血は止められます。

トキの体温は四二度と高いので、傷が化膿することはめったにありません。切り傷には人間の外科用の接着剤をつけます。トキのひふは和紙のようにさけやすいので、傷口を縫うことはしません。

4章 50の結婚

ドジョウだいすき

ケージわきの調理室には冷蔵庫や流し台のほか、大きな水槽があります。家庭のお風呂くらいの大きさです。そこにはドジョウがいます。週に一度、あるいは一〇日に一度、活きのいいドジョウが養殖場からとどけられます。

二〇〇三年夏。

午後一時、中川さんは水槽のドジョウを「八羽には四〇〇グラム」と測りながら洗面器へ移し、50たちのケージのプールへ運びます。

佐渡トキ保護センターでは料亭でも使っているドジョウを仕入れていました。中川さんたちは、日本最大の魚市場、東京の築地市場に出回っているドジョウをさがしたこともありました。安全なドジョウにこだわっています。約四〇年前、日本の野生のトキが、農薬を体内にたくわえたドジョウを食べつづけて死んだことがあったからです。

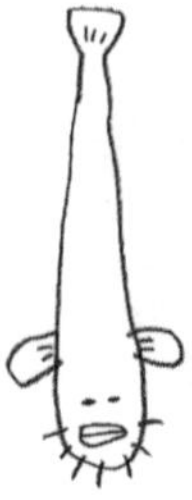

50たちは、中川さんがケージから出ていくと、すぐにプールにあつまります。

われさきにドジョウをつかまえようと、大騒ぎがはじまります。

ほとんどの子が、まずはドジョウをすべてプールの外へ放り出すことに専念します。

ところが、この時、かしこい子は、一歩離れて待っています。待っていれば、足元へ次々にドジョウが飛んできますから、それを喜んで食べはじめます。

ほかの子が「もうプールにドジョウはいないな。よし、食べよう」とふりかえると、外へあつめたはずのドジョウがありません。かしこい子に食べられてしまったのです。

それを数日くりかえしてから、50たちはドジョウを一匹つかまえてはすぐに食べるようになり、昼時を静かに過ごすようになりました。

午後三時、中川さんはドライフードを運びました。

朝の馬肉のえさは、ニンジンやゆで卵などをまぜあわせるので、作るのに時間と手間がかかります。ニンジンは、皮ごとゆでてからつぶし、ゆで卵はカラごとつぶしてくわえます。ドライフードなら、既製品を買ってきて、そのままあたえるだけです。

ドライフードは、実際にあたえる前に、東京の動物園でトキに近い種類のクロトキやショウジョウトキなどにもあたえ、だいじょうぶと確かめておきました。

50たちは毎回、すべてたいらげていました。

ただ、最近、ドライフードを食べ過ぎると、「脂肪肝になりやすい」とわかってきました。

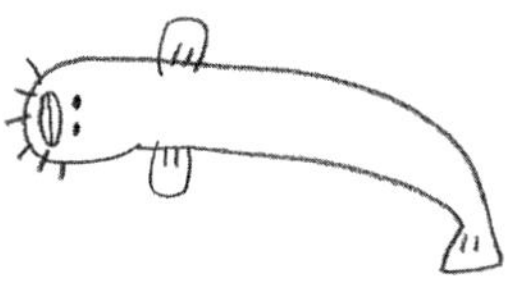

脂肪肝は太りすぎの人がかかえやすい症状です。

ドライフードは馬肉のえさよりカロリーが高いのです。

多摩動物公園でトキに近い種類の鳥をたくさん育ててきた飼育員の杉田平三さんはこう話しています。

「クロトキやショウジョウトキは、えさが豊富な南国の鳥なので、カロリーが高くてもだいじょうぶだが、えさが少ない北国のトキは『燃費のいい鳥』なので、カロリーをとりすぎてしまうのかもしれない」

キンの小指

金子さんと中川さんは、50たちの面倒を見るかたわら、事務室のモニター画面にも注意していました。気にかけていたのは、事務室のすぐとなりのケージにくらす最長老のトキ、キンでした。

そのケージは、50が洗面器に入って過ごした部屋と同じように、寒い日は、奥のとびらをとじてパネルヒーターで室内をあたためることができます。暖かい日は、奥のとびらをあけると、外の運動場へ出ることができました。

キンは、両目の視力を失って、明暗をやっと見分けられるだけでした。陽があたるところはわかるので、天気のよい日は運動場へゆっくりと歩いていきました。

すでに危機は何度もおとずれていました。

くちばしを地面について体を支えていたこともあります。金子さんは酸素ボンベにつないだ細いチューブを鼻先にあてて酸素吸入をしたこともあります。食欲を失ったキンのために東京の上野動物園から好物のコオロギをとりよせたこともあります。

キンは若いころ、えさとして、ドジョウやフナ、アジ、カエル、イモリ、サンショウウオ、サワガニ、コオロギ、幼虫のミールワームなどをもらっていました。食事が偏らないよう、生まれたばかりのハツカネズミの子をもらったこともあります。その後、ドジョウなどの農薬汚染が問題になり、キンのえさはすべて馬肉で作るえさになりました。

キンが年をとってからは、馬肉のえさの中にキトサンがくわえられました。金子さんのアイデアでした。人間の育毛に効果があると聞き、キンの羽毛がうすくならないように、と考えたのです。

食欲を回復した後、キンは決して食べ過ぎることはありませんでした。自分の体に必要な量をわかっているかのようでした。一カ月分を見れば、毎月、定量を食べていました。

二〇〇三年六月一六日。

金子さんはキンのケージへ出かけていました。

中川さんはモニター画面で金子さんとキンの様子を見守っていました。

金子さんはキンの右脚を心配していました。雨上がりのぬかるんだ運動場を何度も往復したため、小指の傷から細菌感染し、壊死《えし》がすすんでいたのです。

金子さんはやさしく小指にふれてみました。

ぽろりと指先がもげました。痛みはないようです。

「おお、とれたぞ」

ケージのモニターカメラに指先をかかげました。

中川さんに伝えるためです。

その直後のえさの時間は、中川さんが担当しました。

「キンちゃーん、ごはんですよー」

えさの器をキンの前におきました。

ケージの床には小さなカーペットがしきつめてありました。カーペットがよごれれば、取り替えて洗い、ケージの床はいつも清潔にしていました。

中川さんはキンの頭のうしろをさすりました。

なかよしの優優と美美の夫婦を見ていると、自分のくちばしでは届かない頭のうしろを相手のくちばしでなでてもらっています。それをまねて、中川さんもキンのケージに入るたび、頭のうしろや額の羽根のはえぎわをなでるようにしていました。キンも一緒にくらすなかよしさんがいたら、こうやってさすってもらえるのにね……。

キンは目をとじたまま、中川さんに体をあずけてきました。

「ゴロゴロゴロ」

キンはネコのようにのどを鳴らしました。

運動場へ出るとびらはしめてありました。

とびらのむこうに見える空は、雨をふくんだ灰色の雲におおわれていました。

およそ五分間、キンと中川さんは体を寄せ合っていました。

ぽたん、ぽたん、と中川さんの目から涙が落ちてきました。

せつなくてどうしようもなかったのです。

静かに近づいてくる別れの日を思いました。

中川さんが仕事中、トキの前で泣いてしまったのは、この時だけでした。

別れの朝

二〇〇三年一〇月一〇日の朝七時半でした。

中川さんは事務室に入ると、ふだんのように、モニター画面でまず一番にキンのケージをのぞきました。

ほとんど歩かなくなったキンは、朝はいつもモニター画面の中にいます。

ましたところが、その朝、キンの姿は画面の中にありませんでした。

「めずらしい。今朝は動いたんだわ」

そう言いながら、中川さんが手元の操作盤を使って、カメラをずらした瞬間でした。

横たわるキンが映りました。口から血が流れ出ていました。
次の瞬間、中川さんは事務室を駆け出し、となりのケージへ飛び込みました。
キンは動きません。
呼吸は止まっていました。
「落ち着け。落ち着け」
中川さんは自分に言い聞かせながら、緊急連絡網にしたがって、電話をかけました。
金子さんが駆けつけました。
キンが横たわっています。
金子さんは一瞬、頭の中が真っ白になりました。
かつてのキンがよみがえります。
目が見えなくなって止まり木からおりられなくなり、腕にかかえておろしました。
止まり木を七〇センチにさげても、おりられず、だきかかえるようにおろしました。
三〇センチまでさげても、おりられなくなり、また腕にかかえておろしました。
あの時の重みが、あの時のぬくもりが、まだこの手の中に残っているのに。
夕方四時半、東京の多摩動物公園や上野動物園から獣医師たちが到着しました。
キンの解剖がはじまりました。

金子さんも白衣に着替えました。

キンの体はまだぬくもりをとどめていました。

そのぬくもりを手にしながら、金子さんは心の中で何度も何度もなげいていました。

なんで。

なんでだ。

なんでこんなかたちで逝ってしまうんだ。

死ぬときくらい、この手の中で死んでほしかったのに。

日本生まれ日本育ちの日本産最後のトキが、帰らぬ旅に出ました。

カメラの記録によると、カーペットの上で寝ていたキンは午前六時二九分、突然、首を上げて、まっすぐに飛び、四メートル先のドアへ頭からぶつかっていきました。ドアの高さ一・二メートルのところに頭部の羽毛がはりつくほどの勢いでした。

即死でした。カメラは音声をとらえていませんでしたが、キンはくちばしを開け、声を上げて飛んだようです。なにかに驚いておびえたような様子ではありませんでした。

ここ二年、飛ぶことはありませんでした。

目も見えないのになぜ飛んだのでしょう。

「何かがひらめいたように飛んだ。朝、ねぐらから飛び立つ夢でも見たのか……」

金子さんはキンが楽しい夢を見ながら旅立ったことを願っています。

キンが急逝した夜、金子さんはひとりで酒杯をかたむけました。

いくら飲んでも、その晩は酔えませんでした。

翌朝、中川さんは自宅からもってきた線香をケージの中に立てました。キンのケージのまわりで野花をつんできて、線香のわきにそなえました。

その日、金子さんはキンのケージをそうじしようと思いながら、できませんでした。

次の日も、できませんでした。

結局、そのあと一週間、ケージはキンがくらした当時のままにおいておかれました。

二〇〇四年春、佐渡トキ保護センターの前にキンの記念碑が建てられました。

その碑の下に、金子さんは大事にとっておいたキンの小指を埋めました。

運命のリング

二〇〇四年。

春になり、50は一歳になりました。

夏が過ぎると、左右の翼をふちどる風切り羽根がはえかわりました。先が黒っぽかった羽根から真っ白な羽根へ。日の光の中、白い羽根は桃色にかがやきました。まっすぐに飛んでばかりいた50が、上手にUターンして飛べるようになりました。

秋が来ました。

一〇月二三日、中川さんは休暇をとり、夫と新潟県の山あいの村へ出かけていました。

午後五時五六分、とつぜん地鳴りが聞こえました。

立っていられず、すわってもいられません。はうようにして宿の外へ出ました。

新潟県中越地震でした。

中川さんがいた山古志《やまこし》村は震度六強の激震におそわれました。ドオォォ、と大地がほえるような音を立てました。道路がまるで波打つようにむこうからうねってくるのが見えました。恐怖に涙が止まりません。自衛隊のヘリで村を出ました。

佐渡島は震度四のゆれでした。

午後六時三八分、ふたたび震度四のゆれに見舞われました。

「バサバサーッと、ものすごい羽音が響いています」

佐渡トキ保護センターの警備員から所長へ連絡が入りました。

日は落ちて、あたりは真っ暗でした。

明かりをつけることはせず、音だけを確認しながら、夜明けを待ちました。

明かりをつければ、トキたちを余計おびえさせてしまうかもしれません。ふだんも日没後は、トキたちをおどかさないよう、ケージから見える事務室は明かりをつけません。事務室の裏にある駐車場もケージから見えるので、中川さんたちは駐車場を出る時も車のヘッドランプはつけず、車の室内灯をたよりにソロソロと運転して出ていくのです。

地震の翌朝。

五八羽のトキのうち、二〇羽が頭に切り傷をつくっていました。トキは驚くと、まっすぐ上に飛び上がります。ケージの内側にはゴルフネットがはってありますが、勢いがつき、天井にぶつかったようです。50にけがはありませんでした。

冬になりました。

一二月八日、金子さんと中川さんたちはまた50たち八羽をつかまえました。50の体重をはかります。一・八キロでした。

妹たちも同じ体重でしたが、弟二羽は一・九キロと二・二キロ。きょうだいの中で一番ジャンボなヒナだった50は、弟たちより小さな体になっていました。

体重測定の後、50の左脚に、50の番号をきざんだ金属リングがつけられました。太さ五ミリほどあるU字型です。

足首にはめて、ペンチで輪にしました。

のちにそのリングが50の運命を決めようとは、その時、金子さんも中川さんも思いもよりませんでした。

50はケージへもどりました。

一緒にくらす仲間は入れ替わり、ホオアカトキのホッチーがくわわりました。メスばかりのくらしがはじまりました。

たたかう親

二〇〇五年春。

佐渡トキ保護センターに獣医師がもうひとり加わりました。長野県出身の和食《わじき》雄一さんです。ウインタースポーツが好きな快活な青年でした。当時二七歳。中川さんより二歳下でした。東京の大学を出た後、恩師にすすめられて新潟県で働くことにしました。

中川さんが和食さんをケージへ案内しました。

「トキはとてもおくびょうですから、のんびり、ゆっくり動いて」

「へえ、この大きさの鳥でそんなにおくびょうなんてめずらしい」

和食さんは目の前のトキが予想以上に大きいことに驚きつつ、その神経質な性質も初めて知ったのでした。

この春は七組のつがいがいました。

次々に卵を産み、その数は四二個になりました。

金子さんと和食さんだけでは手がまわりません。

金子さんは中川さんに聞きました。

「行ってみるか?」

「はい」

すぐに中川さんは卵を入れる容器とビニール傘を手にケージへむかいました。

やるとなれば度胸がすわっているな。金子さんはそう思いながら見送りました。

注意事項はとくに伝えませんでした。卵は静かにあつかうこと。親鳥がくちばしでさするくらいの動きにはたえられますが、それ以上の動きをあたえると、卵は死んでしまうこと。そんなことはいちいち言わなくともだいじょうぶ。金子さんは確信していました。


孵卵器の卵をあつかう中川さんの手つきはいつも慎重でした。卵をささげもつようにして両手でかかえるのです。金子さんが安心して見ていられる姿でした。

中川さんはケージに入りました。

オスの優優が巣の中にいました。

メスの美美は中川さんが巣のそばまで来ると、遠くへ逃げていきましたが、優優はいつまでも叫びつづけ、どきません。広げたビニール傘で優優をようやく押し出しました。

わあ、すごい。

初めて目にした巣に感動しました。本物はモニター画面で見るものとはちがいました。細く長い枝が何本も編み込まれ、その上にスズメノカタビラの草が何重にも積まれています。枝はたいらにならし、草はすきまなくしいてあります。

まるで緑のじゅうたんのよう。だれが教えたわけでもないのに、ふみふみして、ととのえて、上手にできているねっ。中川さんは口に出さずにほめたたえました。

持ってきた発泡スチロールの青い容器をあけました。中にスポンジが入っています。卵を丁寧にスポンジの間に入れ、容器のひもを首からさげ、傘をたたんで巣のわきのはしごをおりはじめました。

その時でした。

オスの優優がずんずんとむかってきたのです。

目が合いました。

優優は自分を見下ろしています。

あっ、目をつつかれる。背筋がこおりつきました。

下をむいてとにかく急ぎます。

優優はメスの美美を心配して、それ以上、中川さんのあとを追うことはせず、離れていきました。

中川さんがトキをこわいと感じたのはあとにもさきにもこの時だけです。でも、わたしは優優を怒らせることをしたのだから。すぐにそう思い直しました。

そのあとは、美美が巣にいる時をみはからって卵をとりにいきました。

中川さんが近づいてくると、ふだんは大きな目がクリッとして愛らしい美美が、別のトキのようになります。「ダアアアアッ」とおなかの底から鳴りひびく声を出し、体中をふくらませます。中川さんが巣の下からのぼってきても、ひるまずに、叫びつづけるのです。

しかし、中川さんがはしごの上に着くと、美美もついに巣を離れていきます。

今は自分までつかまるわけにはいかない。自分が生きのびれば、また子孫をふやすことができる。美美はそう思い直して大事な卵をあきらめるのでしょう。

お見合いの日

50をはじめ、金子さんたちが育て上げたヒナは、親鳥から学ばずとも、生きるために必要な知恵をそなえていました。

二〇〇六年春のことでした。

「ターッ、ターッ」「ターッ、ターッ」

ケージのカメラから事務室のモニター画面へ叫び声がとどきました。複数のトキが叫んでいます。中川さんはケージを見回りました。50たちは、叫び声にこたえるように頭のうしろの冠羽をさかだてていますが、そこに異常は見あたりません。

別のケージのつがいが巣のふちで仁王立ちになって叫んでいました。冠羽はさかだち、体中をふくらませ、上空をにらみ、声を上げていました。

上空……。

中川さんが見上げると、巣の真上にあたるケージの屋根にカラスが一羽とまり、金網ごしに巣をのぞきこんでいました。巣にヒナがいます。カラスは卵やヒナをうばっていくことがあり、野生のトキにとっては天敵です。

そのつがいは金子さんの手で育てられ、親鳥からは何も教わっていませんが、天敵はわかっていました。

ヒナも親鳥の様子に事態を察し、巣の中にペタッとふせ、声を上げず、じっとしていました。

中川さんは「パンパン」と手をたたいてカラスを追いはらいました。

50たちも、だれからも教わっていないのに天敵を知っていました。カラスがあらわれれば、「何をねらっているんだ」と警戒するようにキッとにらみます。

にらむ時はヨコ目をつかいます。右目だけで、あるいは左目だけで、キッと天敵をにらむのです。何かをじっと見つめる時も、ヨコ目をつかいます。

オスの優優も、金子さんに育てられながら、天敵とそうでないものを区別できます。

中川さんは、事務室の窓から「あれ、なにをしているのかな」と優優に注目したことがあります。優優がケージの金網にはりつくようにしてヨコ目をこらしていました。

ケージのすぐむこうに真っ白なダイサギがいたのです。天敵でもないダイサギには優優もとくに声は上げません。でも、ダイサギがなにをしているのか、興味しんしんの様子でした。

好奇心いっぱいの優優ですが、育ての親の金子さんは「おどろくと、ウンコをたれるんだ」と苦笑します。ただし、金子さんの口調は「そこがかわいいんだ」と言わんばかりです。

優優はびっくりすると、ピュッとフンを出します。ケージの外をタヌキやネコが通っただけでおどろいてパッと飛び上がり、その瞬間、おなかがゆるくなって、フンを放つのです。メスの美美はそれほど動じません。体の大きな優優より、小さな美美が、ゆうぜんとかまえています。金子さんは「肝っ玉かあちゃんだ」と感心します。

こんな事件がありました。

優優と美美の住まいの真向かいのケージで屋根のさび止め工事がありました。向かいといっても、一〇メートル離れていますが、その屋根の上に前触れもなくあらわれる人間に二羽はびっくり。人間は屋根の上から自分たちを見下ろしています。トキは、自分が見下ろす時は落ち着いていますが、自分が見下ろされるとなると、警戒心を強めます。

屋根の上で作業がはじまるたびに、オスの優優は飛び上がり、ピュッ。フンを放つのでした。メスの美美も飛び上がりましたが、そこまであわてませんでした。ただ、屋根の上で作業がつづく四日間、優優も美美も工事をしている昼の間は、地上におりず、食事をすることも水を飲むこともがまんしていました。

観光シーズンも大変です。

50がくらすケージから二五メートルほど先に、観光客が50たちを観察できる通路があります。いまは壁に囲まれ、窓がついた屋内の通路ですが、50がそこでくらしていたころは壁も窓もなく屋根だけがついた通路でした。

通路には「フラッシュはたかないでください」「傘はささないでください」などの注意書きが張り出してありましたが、心ない人もいました。50たちが昼寝しようとまどろんでいると、とつぜん「飛べっ、飛べっ」と空気をふるわすような叫び声がひびいたこともあります。50たちはびっくりして飛びまわりました。観光客の声も、50たちの翼の音も、事務室のモニター画面にとどくので、そのつど中川さんたちは注意に走りました。

二〇〇六年一二月一一日、そんな落ち着かないケージから50が引越す日が来ました。

金子さんと中川さんがまた白い網を手にケージへやってきました。

「ギャーッ、ギャーッ」

最初に悲鳴をあげたのは、ホオアカトキのホッチーでした。どのトキよりも必死にあちこちへ逃げまわります。でも、実際はだれもホッチーを見ておらず、追いかけもしません。金子さんたちの目は50たち若いメスへそそがれていました。

50はすぐにとらえられました。

まずは体重測定です。50は一．七キロ。

同じ日に体重をはかったオスがいました。彼は一．八キロ。

そのオスには62という番号があたえられていました。

50と62は、観光客の目のとどかない奥まったところのケージへ移されました。二羽はつがいとなったのです。二羽だけのくらしがはじまりました。

佐渡トキ保護センターでは毎年こうして新しいつがいが誕生します。みんな「お見合い結婚」です。金子さんが組み合わせを考えます。結婚は一二月です。一月の結婚では、環境の変化に慣れるまで時間がかかり、その春の子育てはうまくいきません。

佐渡トキ保護センター唯一のホオアカトキであるホッチーには相手がいないので、つかまることはないのですが、毎年、ホッチーは全速力で逃げまわるのです。

50と62は同じ三歳。

62は、オスの優優ほど体は大きくなく、優優のように鼻筋の通ったハンサムでもありませんが、50の父の友友のようなかんしゃくもちでもありません。

もの静かな青年。中川さんは62をそう表現します。

50と62は止まり木にならびました。

62から50へ小枝をさしだしました。くちばしに小枝をくわえれば、さけんだり、かみついたりできません。「ぼくはあなたがいやがることはしませんよ」という意思表示でした。さらに彼は、体を大きく見せるように、頭のうしろのドレッドヘアのような冠羽をフワッとさかだてました。

50は小枝をうけとって、わきへおき、それから、くちばしを62へよせました。お礼を言うように彼の羽づくろいをはじめたのです。それも親愛の情を示すものでした。

オスが熱心に求愛しても、メスが冷ややかなこともあります。求愛に応じないメスに怒り出してしまうオスもいます。50夫婦はちがいました。

50は思いやりがあるな、と中川さんは感じました。

50にとっては、初めての恋でした。

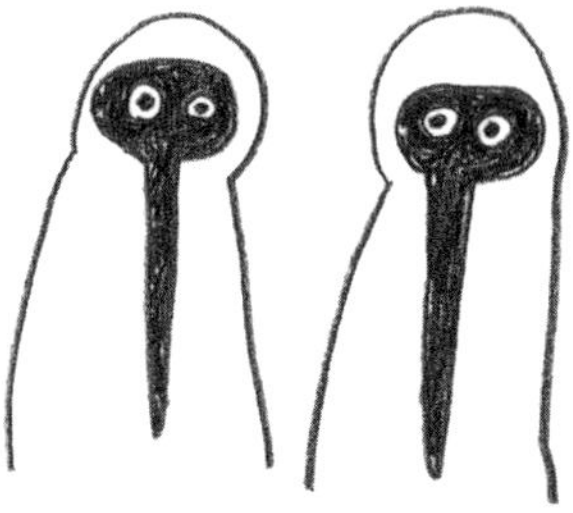

62にとっては、いわば再婚でした。

62は、50とくらす前に、別のメスと過ごしていました。50の姉、21の愛愛《あいあい》でした。愛愛は、卵を産もうとして、その卵を体の中でつまらせたことがありました。卵はなんとか取り出せましたが、次に同じことが起きれば、命に危険がおよぶ心配がありました。愛愛はメスだけがくらすケージにもどり、彼女と別れた62は、50と一緒になったのでした。

5章 母になる日

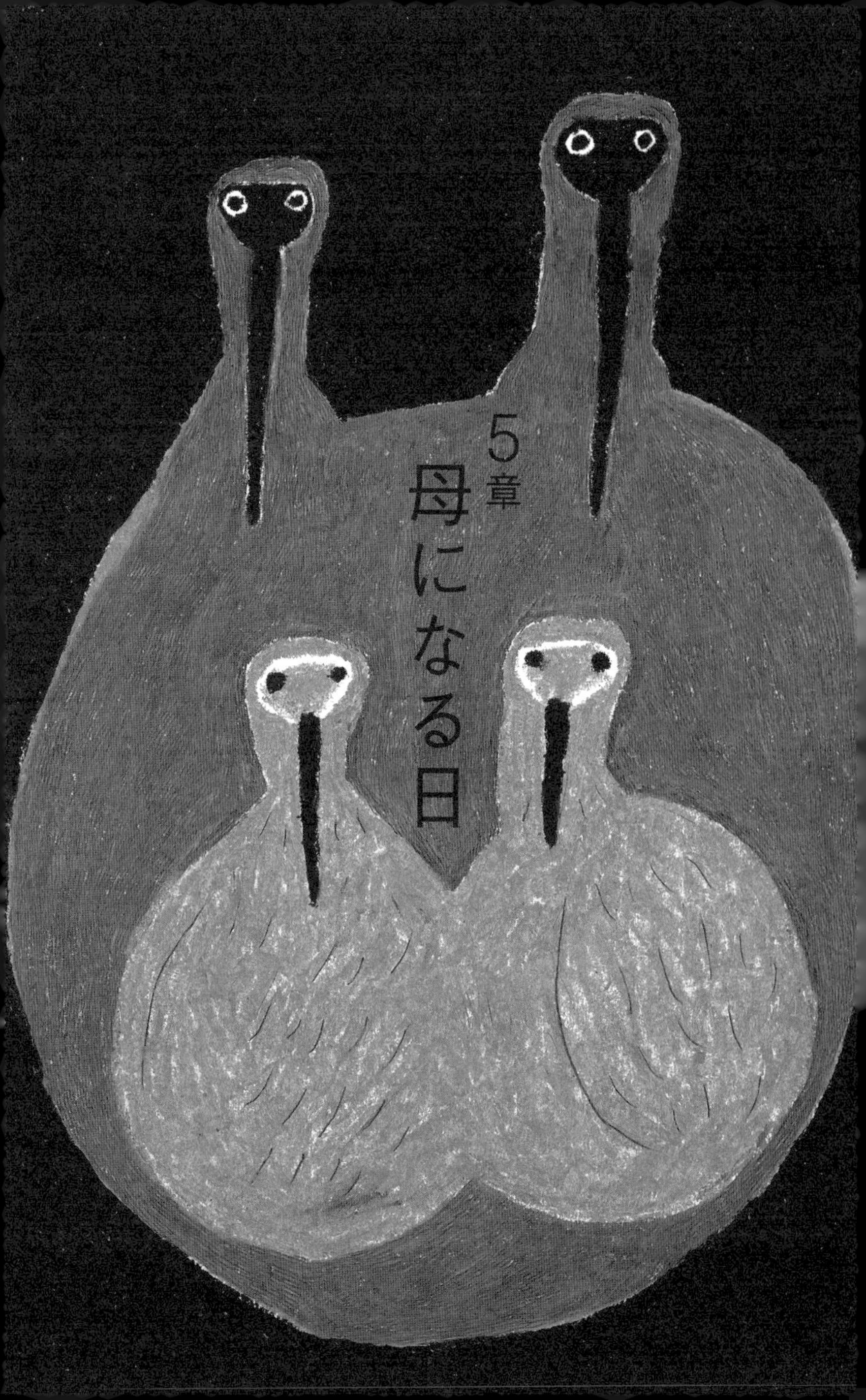

こだわりの巣作り

二〇〇七年早春。

中川さんは午前四時半に佐渡トキ保護センターに着きました。事務室の画面の前にすわります。ケージにとりつけたモニターカメラからとどくのは、まだ暗やみの映像です。カメラは自然光で撮影しているので、空が明るくなれば、観察開始です。

モニター画面に50夫婦の姿がうかびあがりました。

50も、62も、上半身が黒くなっています。これはトキ独特の変身術です。

トキの首のひふにはそばかすのような黒いはんてんがあり、春を前に、そこから黒い粉が出てきます。人間の頭のフケのようでもあり、金子さんは「灰のようだ」と言います。

黒い粉はあぶらをふくんでいます。おとなのトキたちは水浴びするたびに首から肩へ黒くそまっていきます。春には上半身がすっかり黒っぽくなり、巣で卵やヒナをだいていても、上空の天敵からは見つかりにくい姿になります。

黒くそまった羽根が中川さんたちのベージュ色の上着をこすると、黒いあとがつきます。はたいても落ちません。洗剤をつかって洗い落とします。

その春、中川さんたちは50夫婦の初めての巣作りを見守っていました。

あらかじめケージの奥の止まり木にフジのツルを編んだカゴを置きました。巣の台です。

クリやコナラ、葉をつけたままのシイやヒノキの枝もケージに運びこみ、地面につみあげておきました。枝の長さは一〇センチから六〇センチまでさまざま。卵を割らないように枝の突起はとりのぞきます。ケージのまわりにはえているスズメノカタビラなどの草も入れておきました。根こそぎぬき、少し乾かし、根についた土をふりはらった草をバケツに何杯も運びいれました。

50も、62も、「どんな枝でもいい」「どんな草でもいい」というわけではありません。どの枝にしようか、どの草にしようか、選びぬいてから、巣に運びます。

ところが、しばらく巣のあちこちをつついてみて、「どうも巣の形に合わないな」と思い直すのか、せっかくの枝や草を放り出すことも、しばしばありました。

トキは整理せいとんが大好き。その巣作りは、飼育員泣かせです。

三月二三日、まだ枝も草も足りない巣で50は最初の卵を産みました。

50も、62も、卵をそのまま放っています。

二五日に二個目、二七日に三個目、三〇日に四個目を産み、それから50夫婦は交代しながら熱心に卵をだきはじめました。

62は「ぼくが卵をだく番だ」と言い張ることもなく、50が「わたしがだくの」とゆずらぬこともありませんでした。

夫婦は卵をだく合間、つと立ち上がり、くちばしで卵のはしをちょいちょいとさすりました。卵はゆるゆるとかたむきます。

卵を産んだばかりのころは五分おきくらいに卵のはしをさすっていましたが、三週間以上たつと、一時間あるいは二時間おきにさするようになりました。

四月二四日早朝、獣医師の和食さんが朝一番の勤務につきました。

モニター画面の中で50夫婦はしきりに卵をつついています。

卵に穴をあけるんじゃないか。和食さんは内心ひやひやでした。

卵を孵卵器に入れておけば安心です。しかし、50夫婦の子どもたちの世代こそ、野山へ放すトキになります。親鳥から学んだ子を野山に放したい。そのために50夫婦に任せます。

ついに50夫婦は一個の卵に穴をあけ、巣の外へ放り出しました。

和食さんは身を乗り出しました。目を皿のようにしてモニター画面をにらみます。よかった。無精卵だ。外へ放り出された卵は、もともとヒナのいない卵でした。

正午すぎ、和食さんは中川さんにバトンタッチしました。

別の卵に割れ目ができました。ヒナがカラを割っているのでしょう。

62が卵をつつきました。

中川さんはドキッとしました。62がヒナをひきずりだしてしまうかも。

卵からヒナが出てくる直前は、メスが卵をだくほうがうまくいきます。卵の中から「プチプチプチ」と膜をやぶる音や、「コッコッコッ」とカラをたたく音が聞こえてくると、オスはおどろいて卵を放り出したり、つついたりしてしまうのです。つつかれた卵が出血すると、オスはそれを「卵」とは思わず、「ゴミ」と思って巣の外へ捨ててしまいます。

50がやってきました。

62がいじっていた卵を50がかかえこみました。

だいじょうぶ。中川さんは息をつきました。

八分後、62は地面からスズメノカタビラを巣の中へ運びはじめました。

中川さんはオスの優優の行動を思い出しました。ヒナが生まれそうになると、優優は草をせっせと運びこむのです。生まれたばかりのヒナは巣の外へフンを飛ばすことができません。ヒナのフンでよごれた草はすぐに巣の外へ捨てることになりますから、できるだけ巣のじゅうたんを厚くしておくのです。

62の行動を見ながら、中川さんはつぶやきました。

「まもなくヒナの誕生だ」

初めての子育て

その日の午後三時すぎ、和食さんが中川さんと交代しました。

和食さんはモニター画面の手元の操作盤で音量を最大にしました。カメラから巣まで一メートル以上離れているので、最大の音量でも聴きとりにくいのですが、ヒナの声がかすかに聴きとれました。

「生きている」

和食さんは胸をなでおろしました。

そのヒナが50の長女です。この子には141という番号があたえられました。この子はのちに島の人たちから「カズミ」と名づけられます。

62がカズミの卵のカラを巣の外へ放り出しました。トキはきれい好きです。巣によごれものがあることをとにかくきらいます。

翌二五日夕方、和食さんがモニター画面でカズミの様子を見つめていました。

「動きがやや弱い」

和食さんはあやぶみました。生まれてしばらくの間はおなかの中に黄身が残っているので、えさはいりません。でも、半日過ぎれば、おなかがすいて頭を上げるはず。ところが、カズミは頭を上げません。ヒナの容態は急変しやすく、気がぬけません。

二六日朝六時前、モニター画面の中でカズミは頭を上げました。元気なようです。

朝七時前、50がやってきました。カズミにドジョウをあたえようとしますが、カズミの口に入りません。次の心配の種です。生後まもないヒナは、首がフラフラしてピンと立たないため、親鳥がえさをあげられないことがあります。50はどうでしょう。

中川さんが和食さんと交代しました。

朝八時すぎ、モニター画面から「ピーッ、ピーッ」と大きな声がひびきました。カズミが空腹を訴えている声です。親鳥がやってきました。50か、62か、どちらか見分けられません。親鳥が自分のくちばしの中へカズミのくちばしを入れました。親鳥の首が一回だけゴクンと動き、カズミの首もゴクンと一回動きました。

八時二八分　一

中川さんは、親子ののど元の動きを数え、その回数を時刻とともに飼育日誌に「正」の字で書き込みました。

その間にもう一個の卵からヒナが生まれました。142番のトキです。オスでした。カズミの弟です。

夕方、50は、カズミと弟をおなかにかかえこみました。

おなかのほうに首を曲げ、自分のくちばしの中へカズミと弟のくちばしを交互に入れます。50ののど元がぐいぐいと動きました。中川さんはその回数を記録します。

一六時三〇分　141正丅　142一
50は子育てが上手でした。

50からドジョウをもらった後もしばらく、カズミも、弟も、ちいさなくちばしで50の首をつついていました。「もっとほしい」とねだっているようでした。

50は、かまわずに姉弟をおなかの下へかかえこみました。「はい、はい、もう寝なさい」と、さとしているようでした。「腹八分目が大事」と50も心得ているのでしょう。

二七日、中川さんはモニター画面のカズミと弟に目をこらし、日誌に書きました。

一六時三九分　ヒナ　フンをする
ウンチが出るのなら食事は足りている。安心しました。姉弟がフンをすると、50夫婦はすぐにフンがついた草を巣の外へ出します。

カズミは生後三日目からおしりを巣の外へ向けられるようになりましたが、フンは巣のふちにひっかかるので、50と62はこまめにそうじをしていました。

生後一一日目。カズミは自分のくちばしで弟のくちばしをさわっていました。弟もいやがらずに、くちばしをカズミにさしだします。

カタカタカタ、カタカタカタ。

二つのくちばしがふれあうやわらかな音が事務室のモニター画面にとどきました。

五月六日の朝。ケージのカメラを通じて事務室にちいさな声がとどきました。

「グジュグジュグジュ」「グジュグジュグジュ」

中川さんがモニター画面をのぞきこむと、生後一二日目のカズミが弟の目を見つめながら、おしゃべりをしていました。二羽のヒナはまんまるの黒い目を合わせて、五分間、あきずにずっとしゃべっていました。

この日の午後、二羽のヒナはそれぞれくちばしで自分の体をさぐっていました。

一四時四七分　自分で羽づくろい
中川さんは「成長したなあ」と感慨をこめて飼育日誌に記入しました。ヒナの羽づくろいを見ると、人間の子が初めて自分でトイレに行けた時のような成長ぶりを感じます。

川の字

五月八日昼前。

中川さんは「抱スゥ（雛）されず　ねている」と飼育日誌に書きながら、モニター画面に映る巣の様子を描きました。

巣をかたどった円に丸が三つ。

カズミと弟が親鳥をはさんで寝ている光景でした。

一〇日朝。

カズミと弟は巣の中ですわったまま、羽ばたきの練習を始めました。二羽の頭のうしろには小さな羽根がはえそろってきました。生後一六日目と一五日目。体重は五〇〇グラムをこえています。事務室にまたちいさな声がとどきました。

「ピピピ」「ピピピ」

カズミと弟が目を合わせながら、おしゃべりをはじめました。五分ほどしゃ

中川さんが描いたイラスト

べっています。このころのカズミの目は真っ黒ですが、弟の目は黒いひとみのまわりが灰色になってきました。性格のちがいもあらわれてきました。物音がすると、カズミはすぐに首を上げますが、弟はおっとりと聞き流しています。

そのころから、カズミと弟はちょっと立ち上がり、巣をよごさずにフンをするようになります。50と62は、こまめにカズミと弟の羽づくろいをしていました。羽づくろいにより、親子の親密さがましていくでしょう。血行をよくする効果もあるでしょう。羽毛についたフンのよごれもとりのぞけます。50たちはとても清潔にくらしていました。

一四日早朝。

カズミと弟がたがいのくちばしで相手の額のはえぎわをつついていました。つつかれたほうは、頭のうしろに束になってはえてきた羽根をヒュッとさかだてます。

「気持ちいいですよ」と言っているようでした。

一五日夕方。

カズミと弟はようやく両脚で立てるようになりました。

二三日昼。

62が巣の中のカズミたちにつきそっていました。

62が巣のそうじをはじめました。よごれた枝や草を巣の外へ放り出します。

彼の動きをまねて、カズミも弟もくちばしで巣の中をつついていました。まだ枝や草を巣の外へ放り出すことはできませんが、こうして親から子へ、きれい好きがうけつがれていくのでしょう。弟はこのころカズミより体が大きくなっていました。

二四日朝。

中川さんは目を細めながら、飼育日誌に川の字を描きました。

このとき、カズミは生後三〇日目。体重は一・二キロほど。体格は親鳥に近づいています。それだけ大きくなっても、子どものそばには50か、62か、どちらかがいつもつきそっていました。

このころ62が二羽をだきかかえている光景も見られました。50の父の友友なら、これほど大きな子をだきかかえることはしません。62は子ぼんのうでした。

50夫婦は子どもたちのあぶらつけもおこたりませんでした。

トキの背中の尾羽のつけねには、人間のおへそ、それも、でべそによく似た脂腺があります。そこからすきとおった液が出てきます。あぶらです。くちばしにあぶらをすくいとり、羽根にぬりつけます。そうすると羽毛が水をはじき、体がずぶぬれになることはありません。50夫婦はひととおり自分のあぶらつけをすませると、子どもたちにも自分のあぶらをつけていました。

三〇日夕方。

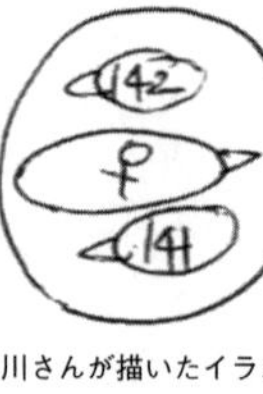

中川さんが描いたイラスト

カズミと弟はたがいに、自分のくちばしを相手のくちばしの中へ入れてみます。

「わたしの乳歯ぐらぐらしているの」「どれ見せて」

そう言い合っている小学生の姉弟に重なりました。

六月二日朝。

また川の字になって。ほんとうになかよし家族ね。感心しながら、中川さんは飼育日誌に円を描きました。子どもたちは50より大きくなっていました。

三日午前七時五三分。

生後四〇日目のカズミが巣の外へ出ました。

飼育日誌に「巣立ち」と中川さんは書き込み、その三文字を二重線で囲みました。

六日午後三時四八分。

弟も巣の外へ出ました。

カズミはすでに三メートル下の地面を歩いていました。

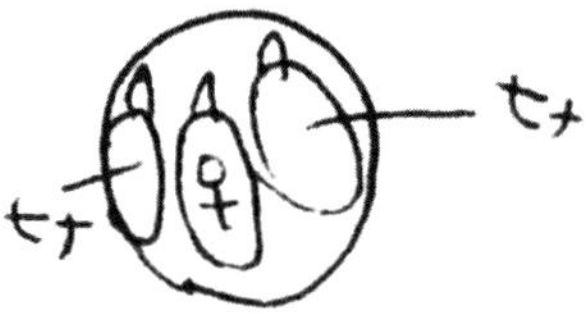

中川さんが描いたイラスト

危機一髪

二〇〇七年春。

中川さんが飼育員になって五度目の春でした。

中川さんはきちんと観察して金子さんを喜ばせることもありました。

母鳥が卵を産む時、卵はどちらから出てくるか。

とがったほうから出てくるのか。

まるいほうから出てくるのか。

中川さんはモニター画面に目をこらし、金子さんに報告しました。

「とがったほうから出てきましたよ」

金子さんは喜んでその瞬間の映像を何度も再生して確認しました。

しかし、失敗をくりかえして金子さんを怒らせる時もあります。

その春は、佐渡トキ保護センターから五キロほど先の山に巨大な「順化ケージ」が完成しました。

トキを野山へ放す前に訓練するためのケージです。金子さんは、和食さんと中川さんたちに卵やヒナの世話を任せて、その山の訓練所へ出かけることがふえました。

金子さんは時々、訓練所から佐渡トキ保護センターへ電話をかけて聞きました。

「ヒナたちは元気か」

受話器のむこうから中川さんの張り切った声が返ってきました。

「はい。元気に動きまわっていますよ」

金子さんの顔から血の気がうせました。

金子さんは電話を切って、車に飛び乗り、佐渡トキ保護センターへ急ぎます。ケージへかけつけ、動きまわっているヒナを巣から救出しました。そのヒナは、えさを求めて死にものぐるいで動きまわっていたのです。生まれたばかりの首が立たないヒナに親鳥がえさをあげられなかったのです。

金子さんは親鳥にかわって、えさをあたえ、そのヒナは一命をとりとめました。

ところが、そのあとも、親鳥からえさをもらえないまま、二羽のヒナが息絶えました。ふだんは静かに話す金子さんが、その時は語気荒く「ちゃんと見ていたのか」と中川さんや和食さんたちをしかりました。一回目は仕方ない。だが、同じ失敗を二度くりかえすことは許されない。それが金子さんの信条です。

「見ていたつもりなのですが……」

中川さんも和食さんも思わず口ごもりました。見るべきものを見ていなかったことは、あきらかでした。

そののち、和食さんも、モニター画面で観察中、動きまわるヒナを見つけ、あわてて救出したことがあります。ヒナを体重計にのせ、デジタル表示にギクリとしました。「生まれてから、これだけ日にちがたち、この軽さはありえない」

親鳥に任せずに育雛器で育てれば、そんなことは起こりませんが、親鳥に任せたトキたちを野山へ放そうと決めました。ただし、緊急事態は別です。和食さんがいったんヒナにえさをあたえ、元気にしてから、巣へもどしました。

梅雨になりました。

朝から雨が音を立てて大地をたたいていました。50夫婦とカズミと弟の四羽は、屋根におおわれた巣に身を寄せて、静かに過ごしていました。

夏が来ました。

50たち家族四羽の生活は終わりました。

カズミと弟は、同じ年のトキたちとともに奥のDケージへ移りました。そこは観光客の目のとどかないケージです。

カズミと弟は50夫婦に育てられましたから、金子さんと中川さんに育てられた50にくらべて人間への警戒心が強く、観光客が出入りする通路に面したケージに入れば、つねに人間におびえて過ごすでしょう。そのため奥の静かなケージへ移ったのでした。

ストレス

ここで44というメスのトキの話をしましょう。

44は、50より一年早く生まれ、金子さんが大事に育て上げました。

ケージへ移す日のことでした。ケージの内側にはまだゴルフネットをはっていませんでした。うろたえて飛びまわれば、けがをするかも、と案じていた金子さんは、こんな助言を受けました。

「風切り羽根を切っておけばいい。一年たてば、また生えてくる。そのころには思春期を終え、おとなしくなっているから、だいじょうぶ」

風切り羽根は一枚の長さが三五センチほどある大きな羽根です。

金子さんは、44の左の翼の風切り羽根一〇枚をハサミで切ってからケージへ移しました。次に見た時、44は左肩を下げて歩いていました。

左腕の骨折でした。

右腕には風切り羽根がそろっていますが、左腕の風切り羽根は一〇枚少なく、それでも左右の翼に同じ力をこめて打ち下ろしたため、風圧を受けない左腕は、力が強く働き、骨が折れてしまったのです。二カ月ほど翼を固定して骨はつながりました。

ところが、44は飛べなくなったのです。

育ちざかりの時の骨折でした。治った時には左右の骨の長さがちぐはぐになってしまったのです。ドジョウをとるためにケージのプールに入ることもできなくなりました。プールのふちの一五センチの段差をこわがったのです。段差をなくすため、金子さんは玉砂利をしいてみましたが、44は玉砂利もいやがり、プールに入ろうとしませんでした。

金子さんは、44をプールの段差がないケージへ移しました。

44はそこで一羽きりでくらしました。

仲間のトキの姿を見ることなく、人間の姿ばかり目にするうち、44はすっかり中川さんたちに慣れてきました。中川さんがえさを運んでくると、よろこんでやってきます。

「ルンルン、ルンルン」

そんな鼻歌が聞こえてきそうな足どりです。

お、今日は元気だな。中川さんもうれしくなります。

しかし、そんな平穏なくらしも長くはつづきませんでした。

二〇〇七年の春、44のケージに一羽のヒナが来ました。秋にはさらに二羽の幼いトキが加わりました。佐渡トキ保護センターのトキは一〇〇羽以上にふえ、ケージはどこも満室になり、44のケージしか空いていませんでした。金子さんは、44がヒナたちの良き教育係になることも期待しました。

二週間後、中川さんが和食さんに急いで告げました。

「44がかかとをつけたまま、ほとんど動きません。血便も出ています」

「寄生虫か」と和食さんは思いました。血便の検査は陰性です。捕らえて検査しようにも、人間につかまえられたショックから症状が悪化することもあるので、モニター画面を見つめました。

止まり木から幼いトキがおりてきて、44をつつきました。

44は立ち上がり、また、ふせました。

また幼いトキがおりてきて、つつきます。

44はおっくうそうに立ち上がって、またふせるのでした。

これはかわいそう。和食さんは金子さんと共に44をつかまえて検査しました。寄生虫はいません。その晩は、かつてキンがいたケージに44だけを入れておきました。

翌日。和食さんは朝五時に来て、モニター画面で44の様子に目をこらしました。

立ち上がり、羽づくろいしています。

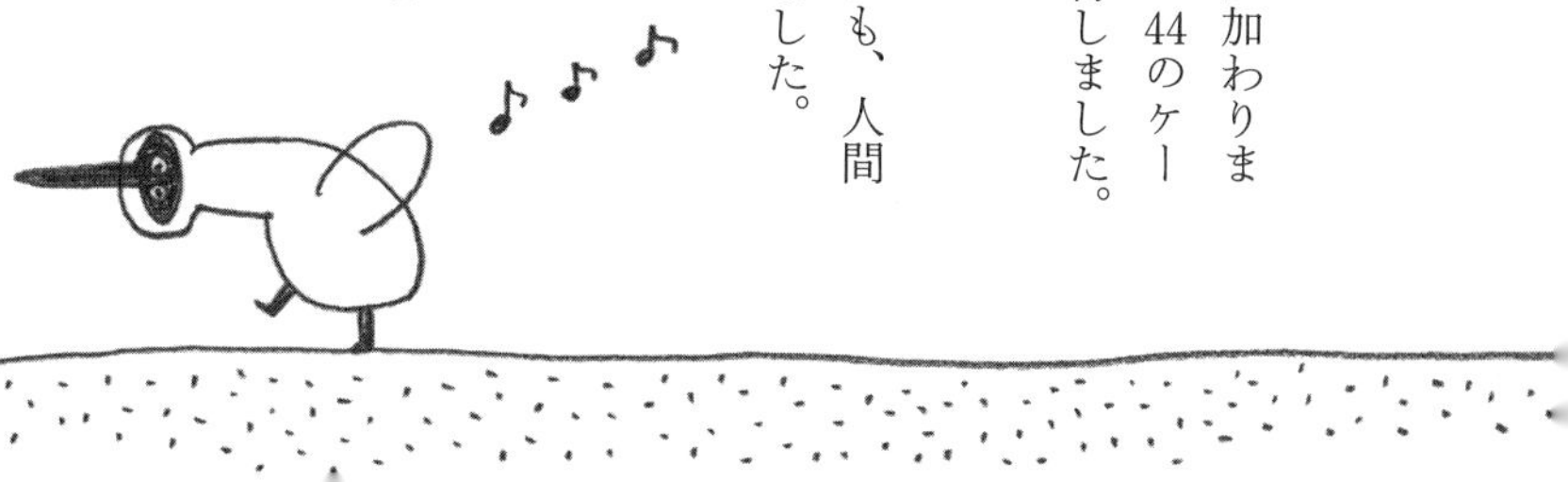

だいじょうぶかな。和食さんは息をつきました。

その一時間後、44は翼をばたつかせ、苦しみはじめました。

和食さんは薬を手にケージへ走りました。

地面にふせた44がいました。

心臓は止まっていました。

和食さんと金子さんは44を解剖して死因を調べました。

血便は胃に穴があいたせいでしょうか。クギか何か飲んだのでしょうか。

穴はありません。クギは飲んでいません。

和食さんが十二指腸を調べ、声を上げました。

「穴がありますよ」

十二指腸潰瘍でした。

「ストレスだったんだ……」

和食さんも、金子さんも、瞬時に理解しました。

一羽きりでのんびりくらしていたところへ、何も知らない若いものが次から次にやってきたのだから、それはいやだったろう。しかも自分は飛べない。いつも若いものたちに見下ろされるのだから、たまらなかったろう。

44の心の内をそう思いやりました。

ヒナの骨折

二〇〇七年一二月、50の娘カズミは、野山へ放されるための訓練を受けることになり、佐渡トキ保護センターから五キロ先の山の訓練所へ引越しました。

その翌日は、四組のつがいも山へ引越す予定でした。50夫婦もその中にいました。

引越しの二週間ほど前につかまえられて羽根をしばられました。その時の体重は、50が一七九〇グラム、62は一八二〇グラムでした。

つかまえられたうえに羽根を動かせない。

これに62はおおいにショックをうけました。すっかり食欲をなくし、引越しの日には体重を二〇〇グラム以上も減らして一五六〇グラムまで落としていました。50も食欲をなくしたとはいえ、体重は一五〇グラム減らしただけです。

金子さんは、62の体重をはかるため、翼に手をふれた瞬間にわかりました。

「これはよくない」

翼がひんやりしているのです。62の体はひえきっていました。胸の筋肉もげっそりとそげおちています。金子さんは判断しました。

「山の中へ移れば、ショックが重なって、命に危険がおよぶ」

50夫婦はもとのケージへもどることになりました。

運命は今しばらく50に時間をあたえてくれました。

二〇〇八年三月一八日朝、50はその春一番の卵を産みました。その後さらに産み足して卵は四個になりました。すべて孵卵器へ移されました。一個はヒナがかえらず、三個からヒナがかえりました。いずれもオスでした。

卵がなくなり空っぽになった巣へ、四月一二日、50はまた新たな卵を産みはじめました。子孫を残すための本能です。今度は50夫婦に任されました。三個産んだ卵のうち一個の卵からヒナがかえりました。

ヒナにつけられた番号は173。

メスでした。カズミの妹です。

番号を一七三とおきかえ、ここではヒナミとよびましょう。

親子三羽の生活がはじまりました。

ひとりっ子のヒナミは親からえさを独占できるのですが、えさをねだる時、広げた自分の翼をつつこうとすることがあります。

中川さんには、ヒナミが自分の翼をよその子の翼とかんちがいして「わたしが先よ」とくちばしを忙しく左右にふりまわしているように見えます。

和食さんには、ヒナミの戦略に映ります。自分を傷つけるそぶりをみせて、50たちにそれを止めるにはえさをやるしかないと思わせようとしているのかもしれません。

生後一四日目の時でした。

中川さんはモニター画面にじっと目をすえました。ひとりっ子によく見られる特徴があらわれていました。飼育日誌に書き込みます。

「エンゼルウイング傾向です」

親からたっぷりえさをもらえるので、腕に筋力がつくより先に羽根が育ちすぎて、羽根の重みを腕が支えきれず、翼の先がそりかえったのです。絵に描かれる天使の姿に似ていることから、天使の翼、エンゼルウイングという名がつけられています。

二日後の朝七時、巣には親子三羽がそろっていました。

50夫婦がヒナミの羽づくろいをしていました。

二三分後、モニター画面に目をむけ、中川さんはギョッとしました。

ヒナミの左の翼がだらりと下がり、それは血まみれになっていたのです。

急いで和食さんに知らせました。

「翼から血が出ています。骨折したのかも」

「えっ。巣の中にいるのに骨折するはずはないよ」

そう答えつつ、和食さんもおどろきました。

いったい何が起きたのか。

和食さんは青い発泡スチロールの容器を持ってケージに入りました。50と62は巣に両脚をふんばっておこりますが、和食さんが巣までのぼってくると、飛び去りました。生きのびることが先決です。自分たちまでつかまるわけにはいきません。

ヒナミは全身が血にそまって真っ赤でした。

出血が一日つづけば命を落とします。

ヒナミはてのひらにおさまるほど小さくはありません。和食さんはヒナミを両手にだきとりました。黒い目はまんまるに開かれていました。目は見えています。とつぜんあらわれた人間にびっくりして声も出ません。いやがりもせず、あばれもせず、体はかなしばりにあったようにかたまっていました。

診察室へ連れていきました。生後一六日目のヒナミの体重は六一〇グラムです。タオルで体の血をふきとりました。翼に何十本もの羽軸がはえはじめています。羽軸の先に、ススキの穂のように羽毛がのぞきます。

書道の筆にたとえると、筆の柄が羽軸にあたります。二ミリほどの太さがあり、二センチほどの長さのすきとおった柄の中に羽毛が見えます。

その柄の中に血管も見えます。これが育つと羽根になります。その柄が、ところどころ、つぶれて穴があき、出血していました。和食さんが初めて診た症状です。

50と62はヒナミの羽づくろいに熱中しすぎて、くちばしで羽軸の柄をつぶしてしまい、血が出てきたのでした。

こうなったら羽軸をぬくしかない。ぬけば出血は止まる。

和食さんは小さいペンチをつかって羽軸を一本一本ぬきました。

ヒナミは放心状態です。

これが50なら、おおあばれするので、目隠しの靴下が必要です。

ヒナミは声も上げず、微動だにしません。目隠しせずに治療を急ぎました。

ぬいたあとは髪の毛と同じようにまた生えてきます。

出血は止まりました。

「これでひと安心」と思いました。

ところが、その先に大変な事態がひかえていたのです。

6章 共に歩んだ

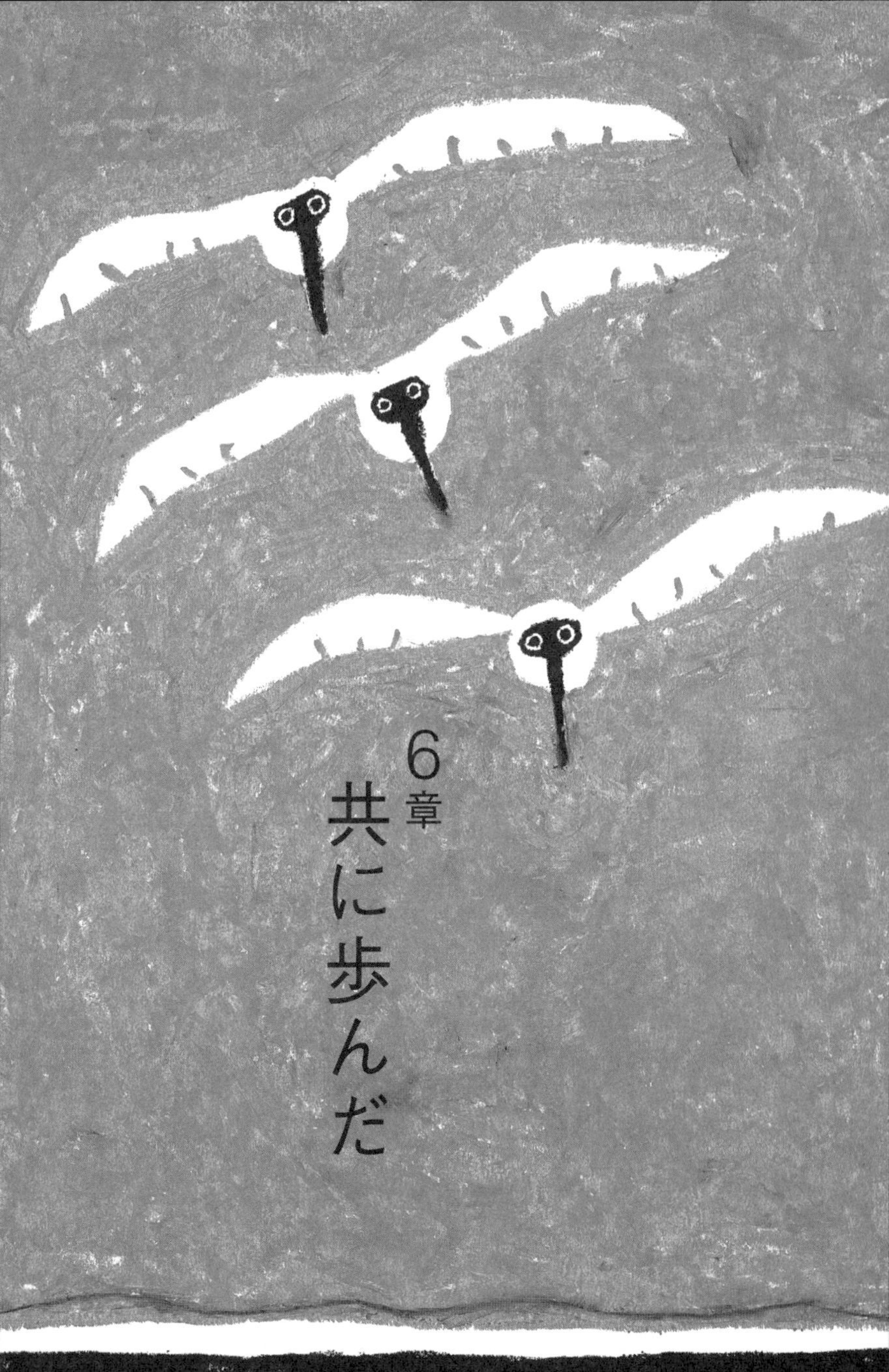

きずな

治療が終わると、ヒナミは発泡スチロールの巣に入れられて、大きなヒナたちが集まる部屋へつれていかれました。中川さんがえさを用意します。

ほかのヒナたちは「ごはんだあ」と大喜びです。

しかし、ヒナミだけは無言でした。

首も上げず、体はふせたまま、動きません。

天敵が近づいてきた時の姿勢です。

中川さんが手をのばせば、身をふせたまま、ずりずりとあとずさりします。

中川さんはくちばしをこじあけてえさを流しこみました。

一〇ミリリットルがやっとでした。

それは生後三日目の子の一回の食事量です。生後一六日目のヒナミにはもっと食べさせなければなりません。空腹のはずなのに、ヒナミはまったく鳴きません。

50夫婦がヒナミにドジョウしか食べさせていなかったことを思い、中川さんは熱湯にくぐらせたドジョウをあたえてみました。ほかのヒナたちにやっているように、くちばしを指でやさしくはさんでも、ドジョウを見せても、ヒナミは口をあけません。ふたたび、くちばしをこじあけて、口の中へドジョウをおしこみました。

中川さんは途方に暮れました。

こんなヒナは初めてです。

翌日、和食さんが交代しました。

ヒナミの様子は変わりません。

和食さんは金子さんに相談しました。金子さんは、多摩動物公園の杉田平三さんに電話で聞きました。杉田さんは「巣にもどすしかない」と答えました。ヒナミは50夫婦を両親として認識しています。そこに人間がかかわることはできません。

金子さんたちはためらいました。

ヒナミのような大きなヒナを巣へもどした経験がありません。50夫婦がまたヒナミをうけいれるだろうか。杉田さんは「巣にいるヒナがえさを要求すれば、親はえさをやる。一回もどしてみたら」と金子さんたちの背中をおしました。

次の日、和食さんは金子さんと話し合って、筆の柄のようなヒナミの羽軸に白いマジックをぬりました。すきとおった羽軸から見える赤い血管を「よごれもの」と思ってついばみ、羽軸をつぶしてしまうのかもしれません。赤い色をおおうように白くぬりました。

ヒナミを巣の中へもどしました。

50夫婦の姿が視界に入るや、ヒナミは声をはりあげました。

「ピーッ、ピーッ、ピーッ」

和食さんたちには決して聞かせなかった声です。50夫婦はどう応じるか。和食さんたちは、かたずをのんでモニター画面を見守りました。

50と62は、二日ぶりにもどってきたわが子がわからないようです。野山では天敵にうばわれた子がもどってくるということはありえません。とつぜん巣にあらわれたヒナをこわがって遠巻きに見ています。気弱な62は近づこうともしません。

二二分後、50が動きました。

ヒナミの鳴き声にひかれ、一口だけ、ドジョウのえさをあたえ、出ていきました。

50は巣から一歩出たところでヒナミを見つめています。

ヒナミが首をのばし、くちばしで50をつつきました。

50は巣の中へもどり、ヒナミをさわり、また巣の外へ出ます。

それから一時間後、50はヒナミにドジョウをあたえはじめました。さらに一時間後、ヒナミはおしりを巣の外へむけ、フンを放ち、声を上げました。

「ビービービー」

おなかいっぱい。その声に和食さんたちはほっとしました。中川さんは笑顔になって飼育日誌に書き込みました。「満腹鳴」。50夫婦はわが子をうけいれました。

次の心配は、羽づくろいです。

50がヒナミをだきあたためていると、62もやってきました。50が62と交代します。62はヒナミの羽づくろいを一分、二分、三分とつづけます。

ヒナミは声を上げました。

「ピコピコピコ」

痛い、痛い、痛い。そう訴えているように中川さんたちには聞こえます。が、62は羽づくろいをやめません。彼のくちばしは何度もヒナミを横むきにひきたおしています。

モニター画面の前で和食さんと中川さんは緊張します。出血の様子はありません。

50がもどると、ヒナミは50のおなかの下へもぐります。50の羽づくろいにヒナミが声を上げることはありません。

62の羽づくろいがヒナミには痛いようです。62がドジョウをあたえれば、ヒナミはよろこんで食べますが、羽づくろいが始まるとまた「ピコピコピコ」と鳴きました。

六月一日昼下がり。

生後二三日目のヒナミは立ち上がり、羽ばたきの練習をはじめました。親の愛を痛いほど受けながら、ともかく無事に過ごしています。筋力もついてきて、翼の先がそりかえったエンゼルウィングは、ほぼ治りました。

四日朝。

ヒナミは自分でも羽づくろいをはじめました。羽軸の先の羽毛がのびてきました。その羽毛をくちばしでそろえていきます。

一八日夕方。

62はあいかわらずヒナミの羽づくろいをしたがるのですが、ヒナミはいやがって声を上げました。ヒナミは生後四〇日目。親鳥と変わらない大きさです。この時、50が、62とヒナミの間に自分のくちばしをさしはさみ、夫の羽づくろいをやめさせました。

二七日朝。

親子三羽は地面を散策していました。ときおり、ヒナミは、50夫婦のくちばしをつついて、えさをせがんでいました。この日初めてヒナミは水浴びをしました。

日が暮れると、親子そろって巣にもどりました。もう心配ない。中川さんたちは安心して見守ります。ヒナミの独り立ちの日が近づいていました。

卵の法則

二〇〇八年春、モニター画面に目をこらすかたわら、中川さんは孵卵器の卵の様子も見守りました。卵が産まれてから二八日、ヒナが出てくるころです。

卵のカラがやぶれてきました。

「あら」

孵卵器のとびらからのぞくと、カラは孵卵器の奥にむかってやぶれていくようです。

これでは和食さんや金子さんが卵の様子を見る時に不便だわ。

両手でささげもつようにして卵の左右のむきを変えました。これならカラは孵卵器のとびらにむかってやぶれていくはず。

その直後でした。

「これ、どうしたの。どうして動かしたんですか?」

和食さんが真剣な口調で聞いてきました。

中川さんが「このほうが、カラが手前にやぶれるから、様子がわかっていいと思ったんですよ」と笑顔をむけると、和食さんは真顔のまま首を横にふりました。

「こんなことしなくてもいいんです。あのまま、むきを変えなくても、カラはちゃんと手前にむかってやぶれていくから。この時期はどうか動かさないでください」

「えっ。そうだったんですか」

ヒナは卵の中でまるいほうへ頭をむけています。くちばしは右の翼の下にさしこんでいて、そこからくちばしを上へふりあげ、気室の膜をやぶり、カラに割れ目をつくります。

あとは、右の翼の下にくちばしを入れたまま、体をまわしながら、くちばしの先をふりあげ、カラを割っていきます。卵のまるいほうから見ると、カラは時計の針とは反対方向に割れていきます。

これは、いわば卵の法則です。カラが孵卵器の奥にむかってやぶれていくように見えたのは、たまたま、割れ目が広がる時に奥まで広がっただけでした。

ふうっ。

中川さんはため息をつきました。

まだまだ知らないことがいっぱいある……。

和食さんも、金子さんも、ヒナが生まれるはずの有精卵からヒナが出てこなかった時は、必ずカラをピンセットでむいてヒナの状態を確認しています。

巣から落ちた有精卵の多くは、ヒナが出てきません。そんな卵のカラをむいてみると、左の翼の下にくちばしを入れていたヒナもいました。落下の衝撃によって、左右が逆になってしまったようです。

右の翼の上にくちばしがのっていたヒナもいました。くちばしをふりあげても、角度が合わないので、カラを割れなかったようです。

上のくちばしの先についている小さな白いカルシウムのかたまりが、カラを割るカナヅチの役割を果たします。右の翼の下からふりあげれば、そのくちばしの先のカルシウムのかたまりがちょうどカラにぶつかるのです。

また、巣から落ちても割れなかった卵を孵卵器で育てると、ヒナが出てこないこともありました。そんな卵の中には、50のような、さかごもいました。落ちた衝撃から頭とおしりのむきが逆になったのでしょう。さらに金子さんは「さかごには右の翼の下にくちばしが入っていないヒナが多いようだ」と言います。

そう考えると、50の誕生はつくづく幸運にめぐまれていました。

その春は、佐渡トキ保護センターに新しく二羽の仲間が加わっていました。

二羽は、名前がありました。一羽はオスの華陽《ホワヤン》。もう一羽はメスの溢水《イーシュイ》。彼らは前年の暮れに中国から来ました。それまで佐渡トキ保護センターでは、友友と洋洋の子と、優優と美美の子をふやし、その子ども同士をつがいにして一〇〇羽以上にふやしていました。

50は友友と洋洋の子、62は優優と美美の子です。

ただ、友友と洋洋、優優と美美の子孫ばかりだと、たとえば同じように体の弱いトキがふえて、一羽が伝染病にかかったら、あっという間にみんな死んでしまうこともありえますから、華陽と溢水の来日はずっと待ち望まれていました。

山の訓練所

二〇〇八年九月二五日。曇り空の朝でした。

その朝、50の長女のカズミは木箱の中にいました。カズミは一歳半になっていました。

箱は、高さ約五〇センチ、幅約三〇センチ、奥行き約四五センチの小さな箱です。

翼を広げることはできません。

体のむきを変えることもできません。

足元には人工芝がしいてありました。

目の前に直径一センチほどの小さな穴が二〇個ほどならんでいました。

そこから明かりがさしこみますが、周囲の様子はわかりません。

耳慣れないざわめきが聞こえていました。

その箱は、紅白のリボンで結ばれていました。

同じリボンがついた九個の木箱が、その箱といっしょにならべられていました。

木箱のうしろには、戦後ずっとトキの保護に取り組んできた人たちがハサミを手に立っていました。その人々のわきにベージュ色の作業服姿の金子さん、中川さん、和食さんたちがひかえていました。

それらは、カズミの知らないことでした。

カズミの目の前が急に明るくなりました。

テープカットでした。

紅白のリボンにハサミが入り、カズミの前方一面をおおっていた壁が、ぱたんと外へ倒れたのです。一気に光がさしこんできました。

まぶしさに目がくらんだのでしょう。カズミは、暗がりを求めるように、木箱の出口に背をむけようとしました。その背に何かがさわります。

人間の手でした。

カズミはおどろいたように翼を広げました。

視界に人間が入ります。そのうしろにも人間。そこにも人間。あそこにも人間。

翼を必死に動かしました。

この日、カズミたち一〇羽のトキが佐渡島の野山へ放されました。

一九六八年にキンをあずかり、一九九九年に友友と洋洋をゆずりうけ、その子どもをふやしてきたトキ保護センターが、この日初めて、育ててきたトキを大空へ放したのでした。

カズミたちは大空へむかって、てんでに散っていきました。

一〇羽の中には放鳥直後から今日まで行方不明のトキもいます。また三カ月ほど後に命を落としたトキもいます。生きぬくための闘いが始まりました。

一〇羽は山の訓練所で訓練をつんだものたちです。そこに入ったトキは新しく番号がつけられました。カズミにはもともと141という番号がありましたが、新しい番号は13。のちに、この番号を漢数字で「一三」とおきかえて、島の人たちは「カズミ」と名づけたのです。

二〇〇九年一月二一日、50も62も木箱へ入れられ、車につみこまれました。

行き先は、カズミたちがいた山の訓練所です。

前回は、62のショックが大きすぎたため、引越しは見送られました。

62は今回も体重を落としましたが、前回ほどではありません。

50夫婦は冬枯れの山へむかいました。

金子さんが山の訓練所に詰めるようになりました。

中川さんはふもとのセンターに残り、トキたちの世話に専念していました。

センターの事務室にはホワイトボードが置いてあり、オレンジやグリーンの色とりどりの丸いマグネットがはりつけてあります。一個のマグネットが一羽のトキを示します。

これは中川さんの提案でした。

生まれた年によって色を変えます。そしてマグネットには黒マジックでトキの番号を書いておきます。そのころには「185」と書かれたものもありました。戦後の佐渡島で人間の手で育てられた一八五羽目のトキです。中川さんは日々、一〇〇羽ちかいトキと向き合っていました。

マグネットのわきに「フショ」と黒マジックで書かれているものもありました。「跗蹠座り」のことです。脚が痛むので止まり木で伏せるようにしているのです。日々刻々変わる症状をそのつど記しておきます。

もともと中川さんは、金子さんがセンターへ来たらすぐに状況がつかめるように、このホワイトボードを思いついたのでした。

トキたちは一見、みんな同じ顔に見えます。50も、62も、ひと目でわかるわけではありません。どのケージにいるのかを確認して見分けたり、脚につけたリングの番号を見て区別したりしながら、一羽一羽に目を配っています。

冬の事故

50夫婦がむかった先は、山の木立に囲まれたケージでした。

佐渡トキ保護センターのケージは天井の高さが四メートルほどでしたが、山のケージは高さが七メートルありました。

最初に、えさを自力でさがす訓練をうけます。

佐渡トキ保護センターのケージでは、50たちは、金子さんたちがドジョウを運んでくる姿を見て、えさの時間だとわかりました。ケージのプールはコンクリート製です。プールの中にいるドジョウは目で追うことができました。

山のケージでは、コンクリート製のプールはありません。かわりに池がありました。池の底は泥で濁っていて見えません。

そこでは金子さんたちがケージまでドジョウを運んでくることはありません。金子

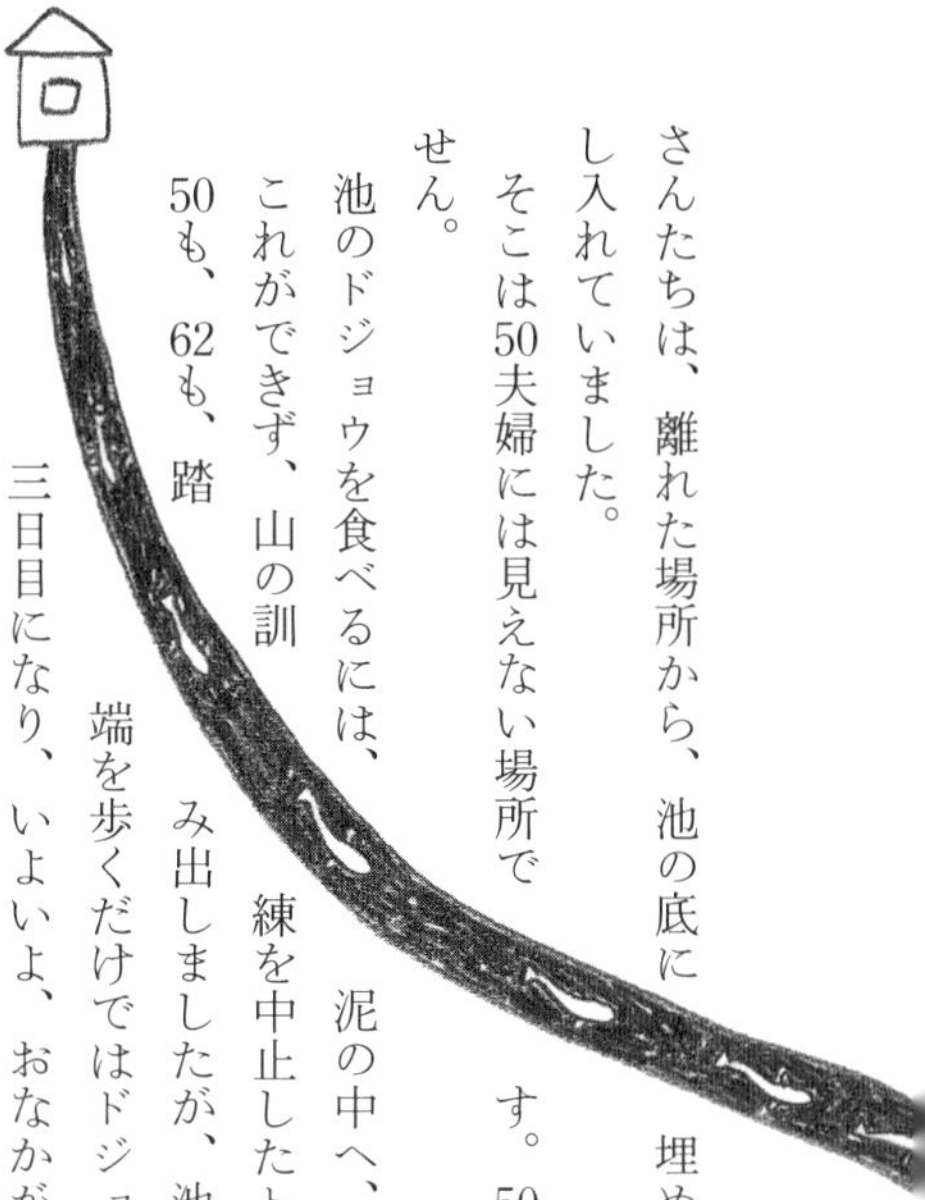

さんたちは、離れた場所から、池の底に埋め込んだパイプ管を通してドジョウを流し入れていました。

そこは50夫婦には見えない場所です。50夫婦はいつドジョウが入れられたのかわかりません。

池のドジョウを食べるには、泥の中へ、一歩、踏み出せるかどうか、です。

これができず、山の訓練を中止したトキもいました。

50も、62も、踏み出しましたが、池の端を歩くだけでした。

端を歩くだけではドジョウはつかまえられません。

三日目になり、いよいよ、おなかが空いてきました。

ようやく、50も、62も、池の中へ踏みこみました。

水は泥で濁っています。

足元は石ころだらけです。

くちばしをさしこみ、左右にふります。

前へ進みながら、くちばしを左右へふる仕草は、まるで8の字を描くようです。

すると、「おっ」というように体が反応しました。

くちばしがすばやく動きます。

ドジョウをつかまえました。

「空腹をいやす味に、よろこびは大きく、その瞬間から、本能がフル稼働をはじめる」と金子さんは言います。金子さんたちは、日が昇ってから日が落ちるまで、訓練所そばの事務室にあるモニター画面で50夫婦の様子を見守っていました。

泥の中では目はつかえません。くちばしでドジョウを追います。

金子さんがトキのくちばしの骨格を調べたところ、内側に湾曲しているくちばしの先の長さ約三センチにわたり、たくさんの細かな穴を見つけました。ハチの巣のようにも見えます。海綿のスポンジにも似ています。金子さんは神経がとおる穴にちがいないと考えました。それだけの数の神経が集まっているのですから、「すこし離れたところの水や泥の動きを目で見ているように感じられるだろう」と金子さんは言います。

コンクリート製のプールでは、くちばしの神経をとぎすます必要がありませんでした。山の訓練所へ来てすぐには、くちばしをつかえません。本来の力をとりもどすまでに三日ぐらいはかかるようです。

一月二七日朝。50夫婦が山へ移って六日後でした。

中川さんは佐渡トキ保護センターの調理室でえさのあとかたづけをしていました。

そこへ職員が息せき切ってやってきました。

「中川さん、すぐに来てください」

「どうしたの？」

「事故です」

事務室に急いでもどりました。

金子さんがいました。

和食さんもいました。

診察台にあおむけのトキがいました。死亡事故でした。

そのトキは首をのばし、くちばしは真一文字にむすんでいました。

はばたきつづけた両翼を広げたまま、息絶えたのです。

左足首に金属リングがぶらさがっていました。

山の訓練所のトキでした。

金属リングはもともとU字型です。ペンチで曲げて輪にしましたが、かすかにすきまが残ります。そこに訓練所のケージのネットの糸がひっかかったのです。ネットは、トキたちがケージの金網にぶつかった時のショックをやわらげるように、ケージの内側をおおっています。佐渡トキ保護センターのケージではゴルフネットをつかっていたので、リングがネットにひっかかったことはありませんでした。山の訓練所のネットは漁網をつかっていました。漁網の糸はゴルフネットより細く、リングのすきまにひっかかりました。

夜中の事故でした。

あたり一面をおおう雪が月の光にかがやき、夜の光景がトキの目に映ったようです。

ケージの近くを何か動物が通りかかったのかもしれません。おどろいて飛びまわり、ネットの手前でひきかえそうとして、リングがひっかかったのでしょう。

ネットはからみついたままでした。

体を回しました。

さらにネットがからみます。

もう一度。

三回転して左脚はねじれ、そのまま息をひきとりました。

翌朝、金子さんがモニター画面でネットにぶらさがった痛ましい姿を確認しました。

そうした説明を聞きながら、中川さんは思いました。

わたしがその場に立ち会っていたら、泣き叫んでしまっただろうな。

大事な子

金子さんは、事務室に中川さんがあらわれた瞬間、ハッと思い出していました。

ああ、そうだった……。

すぐに言葉は出ませんでした。

みんなは黙々とトキの死因を調べるため、解剖の準備をはじめました。

中川さんは消毒綿やハサミを準備します。

しばらくして金子さんは手をとめ、ぽつりと中川さんに聞きました。

「中川、これ、わかる？」

「はい？」

中川さんは聞き返しました。

「帽子で卵を救った子だよ」

あ、そうか。

中川さんも手をとめました。
あの子か。
50番か。
深く息をつきました。
目の前の50に語りかけるように中川さんの口から言葉がもれました。
「わたしのおっちょこちょいがうつったかねえ……」
それ以上、言葉をつげませんでした。
金子さんもそれきり、口をつぐんでいました。
中川さんはぐっと気持ちをふうじこめました。
目の前の仕事に集中します。
獣医師たちの手元の動きを見つめ、次の動きを読みます。
必要なものを差し出し、要らなくなったものをかたづけます。
解剖を終えました。
同じことが起こらないように、50と同じ古い金属リングをつけたトキを調べます。
すべてのリングを交換する準備にかかります。
そのあとはまたえさの時間です。

そうして短い冬の日が過ぎました。

家路につきました。

あの子だったんだ……。

車のハンドルをにぎりながら、あらためて思い起こしました。

あの日の光景が走馬燈のようによみがえります。

初めて迎えた春でした。

事務室までとどいた、かんだかい鳴き声。

オスとメスのいつものけんかがはじまりました。

止めなくちゃ。ケージへかけつけました。

とびらをあけると、目の前の高さ三メートルの止まり木の上に母鳥がいました。

背中をむけていました。その真っ白なおしりから、白い光がこぼれてきました。

あ、卵。卵が出てくる――

地面に落ちれば、くだけてしまいます。

上着をぬごうか。いや、もう間に合わない。頭にかぶっていた帽子をつかみました。

ひと筋の光を追うように、帽子を差し出し、その重みをしっかりと受けとめました。

土がついた草や葉の色に重なって見える青みがかった茶色の卵が、あの瞬間、一日の最後の光をかきあつめるようにして白く輝いたのでした。

あのころ、金子さんに何をどう聞いていいかわかりませんでした。言葉すくなに語る金子さん。おこっているのかな。どぎまぎしながら過ごしていました。卵をつつんだ帽子を差し出すと、ひげをたくわえた口元に笑みをうかべて受けとってくれました。

飼育日誌に見つけた「動く」という二文字。これは何かと聞くと、金子さんは「ガラスにのせると動くんだよ」と楽しそうに話しながら、ガラス板にのせて見せてくれました。

ぴくっ。そんな音が聞こえてきそうな、かわいらしい動き。

「わあ、生きているんだ」と胸いっぱいにひろがった感動。

あの日から共に歩んできました。

せつなさに胸がつまります。

50番。

名前はありません。

名前はなくても大事なトキでした。

視界が一瞬ぼやけました。

涙があふれてきました。

家に着きました。

友人にメールを送りました。

「トキが死んだの」

すぐに友人から電話がかかってきました。

「だいじょうぶ？」

友人にこたえようとして、鼻水もあふれてきました。

「病気なら仕方ないって、いつも自分に言い聞かせているんだけど、事故はちがう。事故はふせげたかもしれない。だから、くやしくて、かわいそうで、かなしくて」

友人といっしょに泣きました。

娘の旅立ち

50が帰らぬ旅に出た朝、50の娘のカズミは流れゆく雲を見上げていました。

カズミは小さな森の杉の木の上にいました。

まもなく二歳になります。かたわらに、もう一羽のメスと、もう一羽、オスがいました。50の兄の娘と、50の姉の息子にあたります。カズミにとっては、いとこのお姉さんとお兄さんです。

野山へ放された後、カズミたちは、刈り取りを終えた田んぼ、あぜ、水路でえさをさがし、ドジョウ、ミミズ、タニシやサワガニ、アカハライモリ、アマガエル、ウシガエルにバッタなどを食べていました。

朝七時すぎ。

小さな森の上空をノスリやウが横切っていきました。

森のむこうをカワラヒワたちが飛んでいきました。

カズミたちはひととおり自分たちの羽づくろいを終えると、翼を広げ、舞い上がりました。杉の木の上をくるりとまわってから、佐渡島の中央にある平野へむかいました。

ノスリのように翼を広げたまま天空をすべるように飛ぶのではなく、カズミたちは左右の翼をひらひらと動かして風をこぐように飛んでいきます。

天空の光をうけた三羽の翼はうすい桃色にかがやきます。

カズミたちは風に舞う三枚の桜の花びらのようでした。

眼下には真っ白な雪におおわれた田んぼが広がっています。

その先に朝の光に白くかがやきはじめた日本海があります。

大空へ。

風にのって。
海のむこうへ。
50から命を引き継ぎ、娘たちはどこまでも飛んでいきます。

おわりに

飛ばせない飼育員

二〇〇九年。

また春が来ました。

50の両親である友友と洋洋の仲はますます悪くなっていました。オスの友友はメスの洋洋の背にのり、首をくわえてブルブルとふりまわし、「早く卵を産め」とせっつきます。洋洋はようやく卵を一個産み、二日おいて次の卵を産みにまた巣へやってきました。

その時、一個目の卵をだいていたオスの友友が怒り出しました。

和食さんはこんな会話にたとえます。

「なんで来るんだよ。おれが卵をだいているのに」

「わたしだって卵を産みたいのに」

「おれが卵をだいているんだ。出てけ、出てけっ」

その春、洋洋は四個の卵を産みました。卵は孵卵器へ移され、かわりに、よそのつがいのヒナが連れて来られました。友友も洋洋も、よその子であっても、わが子のように、いつくしみます。ヒナも喜んでえさをもらいます。

ただ、自分でえさを食べられるようになると、えさをねだる回数はへってきます。そこでまた友友は洋洋に怒り出しました。

モニター画面で和食さんが見た光景はこうでした。

「おれがえさをやりたいのに、なんで、おまえが来るんだ」

洋洋は飛んで逃げるのに疲れ果て、地上を走って逃げる力しか残っていません。地上でも友友は追いかけてきて、洋洋の脚にかみつきます。それも右脚をねらいます。そのころ、洋洋は右脚をひきずっていました。右の小指が痛むのです。そこに友友はかみつくのでした。

ふだんは春が過ぎれば、友友のイライラもおさまります。そろそろ落ち着くはず。早く気をしずめてくれ。和食さんたちは祈る思いで見守っていました。

ここで注意が必要です。

友友だけがとりわけひどいとは言えません。別のオスも卵を待ちきれず、せっつくようにメスにかみついていたことがあります。そのメスはついにオスを目にしただけで身動きできなくなるほどおびえてしまい、そのつがいは別れました。

しかし、友友と洋洋は別れられなかったのです。それが友友と洋洋の宿命でした。その宿命が二羽の仲を切り裂いたと言えるかもしれません。

二羽は、一九九九年以降に日本で生まれるトキの先祖となる宿命を背負って、日本へ連れて来られました。それは二羽が望んだことではありませんが、日本にトキの命をつないでいくには、二羽に頼るしかありませんでした。

二羽が若く元気なうちに早くトキをふやさなければなりません。二羽にゆだねると、卵を放り出すこともあります。人間の手で卵の時から育てることが、確実に、早く、トキをふやす方法でした。けれども、それは二羽にとってはどう映ったでしょう。

中川さんはこう語ります。

「卵をだきたいのに、人間が来ては、卵をとっていってしまう。メスの洋洋から見れば、友友は『人間から卵を守りきれない頼りないオス』に映っていたでしょう。オスの友友からは、洋洋が『人間に卵をとられてばかりのなさけないメス』にしか見えなかったでしょう。二羽がこうなってしまったのも、わたしたち人間のせいなのかもしれません」

六月八日。

メスの洋洋は地上にいました。疲れ切って止まり木まであがれなくなっていたのです。ヒナが地上におりてくれれば、洋洋はえさをやりました。

それを見て、オスの友友はまたカンカンになりました。

友友は、自分も地上におりて、目を三角につりあげ、肩をいからせ、鼻息も荒く、洋洋を追いかけまわします。中川さんは友友を止めるため、ケージに駆けつけました。

人間を見れば、警戒心が先に立ち、いきりたった気持ちもおさまります。二羽はてんでバラバラに逃げていくはずです。

しかし、ケージに入ったその瞬間、中川さんはギクリとしました。

中川さんを見るなり、洋洋は、よろよろとした足どりながら、必死の形相で中川さんへむかってきたのです。友友の攻撃からのがれるために、洋洋はあえて、友友がいやがる人間をめざしたのでした。もちろん洋洋自身も人間への警戒心をかかえていますから、友友が自分から遠ざかっていくのを確認するや、洋洋もまた急いで中川さんから離れていきました。

これまでにない行動でした。洋洋の顔は、たえず友友につつかれていたため、すっかりはれあがっていました。中川さんはすぐに金子さんや和食さんに伝えました。

翌日、友友と洋洋は別居することになりました。

中川さんは金子さんに聞きました。「あのままでは洋洋がぜったいに死んでしまうと思ったんですが、どうでしょう」

金子さんは言いました。「わからないけど、『ぜったいにだいじょうぶ』とも言えない。生きものに『ぜったい』はありえないから」


秋になりました。

山の訓練所にいた二〇羽のトキが、山のふもとの田んぼに立つケージへ移りました。鉄パイプを組み立ててネットをはっただけの小さなケージです。周囲にはイタチやテンなどの天敵の侵入を防ぐための電気柵が置かれました。

金子さんと中川さんが交代でえさを運びます。

金子さんがえさの器を持って、腰の高さの電気柵を越えようと片足を上げると、二〇羽は飛びまわりました。金子さんの見慣れぬ動作におどろいたのです。

パニックになって飛ぶ時は、事故がよく起きます。「電気柵を越えるときは気をつけて」と金子さんは中川さんに引き継ぎました。

「飛ばせない人になる」

これが、中川さんが目標とする飼育員です。

「飛ぶのは、人間がこわいから。こわくない人になりたい」

九月二九日朝、田んぼのケージの出入り口があけられました。

野山へ二〇羽を放すのです。

前回、50の娘のカズミたちを放した時は、小さな木箱に入れ、テープカットをしてからふたをあけ、木箱から押し出すようにして放しました。

今回は出入り口をあけるだけにしました。二〇羽それぞれが出たい時に出ていけるよう、トキの気持ちにゆだねました。

二九日は二羽が旅立ちました。

三〇日朝には四羽が、昼すぎには六羽が、出ていきました。

一〇月三日朝、ケージに残るのは、一羽きりとなりました。

ケージから二〇〇メートルほど離れた観察小屋で、金子さんと中川さんが気をもみながら見守っていました。観察小屋にもモニター画面があります。

残っていたのは、一歳半の若いトキでした。

山の訓練所では、ほかのトキたちより順位が下だったようです。ほかのトキたちが休んでいる止まり木に止まれず、いつもヘトヘトになるまで飛んでいました。

田んぼのケージでも、ほかのトキたちは止まり木で休んでいるのに、その子だけ地上で過ごしていました。

観察小屋から五キロほど離れた佐渡トキ保護センターでも、和食さんが心配して連絡を待っていました。

その子が生まれた時につけられた番号があります。

173。

ヒナミです。

カズミの一羽きりの妹でした。


その日の夕方。ヒナミはケージの外へゆっくり歩いていきました。

「またケージの中へもどるよ」

金子さんが中川さんにささやきました。

もどったら、連れて帰ろう。この子に野生の生活は無理だ。そう金子さんが心に決めた時でした。

パタパタパタパタ――

ヒナミは、翼を広げ、ついに飛びたちました。

それが、金子さんと中川さんがヒナミを目にした最後となりました。

ヒナミのその後のゆくえはわかっていません。

「ヘトヘトになるまで飛んでいったのかな」

金子さんは低い声で語ります。

「ひとりっ子で育ったから、みんなの輪に入るのが苦手だったのかな。だから一緒に連れて行ってくれるなかよしさんがいなかったのかな」

中川さんは声をつまらせて話します。

和食さんもため息をつきながら言います。

「幼いころの治療体験がよくなかったのかもしれない」

胸がふさがることがある一方で、心がおどることもあります。

晩秋の夕方でした。

中川さんは山の訓練所の外にいました。

くれなずむ山並みに目をむけた、その時でした。

力強い音がひびいてきました。

ヒュンヒュンヒュンヒュン。

音はしだいに大きくなり、近づいてきます。

ヒュンヒュンヒュンヒュン。

五羽のトキが隊列を組んで飛んできたのです。

山のねぐらへ帰る途中でした。五羽が翼で風を切る、たくましい音でした。

生きるぞ。生きぬくぞ。生きるぞ。生きぬくぞ。まるで、そんなかけ声を上げながら走る若者た

ちのようです。中川さんは思わず、両手を上げて声をはりあげました。

「がんばれよぉ」

五羽の隊列は、まっすぐ中川さんのほうへむかってきました。

ヒュンヒュンヒュン。

「がんばれよぉ」

中川さんのエールが重なります。

ヒュンヒュンヒュン。

頭上を通りすぎていきます。

「がんばれよぉ」

中川さんは両手を大きくふって見送りました。


中川さんは山の訓練所に詰めることがふえました。

訓練所そばの事務室でモニター画面を見ながら、時刻も細かく記入します。

「すごい。体内時計がある」

声に出して感激しました。

つがいの様子をよくよく観察していると、卵からヒナが出てくる前後の期間はメスが巣にいます

が、それ以外の期間はたいていオスが巣で卵をあたためています。毎晩、夜通し卵をだいているのは、オスが多いようです。

日中は、オスはメスと交代しながら卵をだきます。交代して水を飲みに行ったり、ドジョウを探しに池を歩いたりして、日没までに巣にもどります。

その日中のメスとの交代時間が、きちょうめんなオスの場合は、きっかり一時間なのです。一〇時三分から休憩に入れば、一一時三分にまた巣にもどってきます。

そんなオスの相手が、マイペースなメスだと、大変です。

きちょうめんなオスは、しょっちゅうイラだっています。

とくに日がしずむ前はちゃんと水を飲み、えさを食べ、夜の巣の番にそなえたいのに、メスはいつまでも巣にもどらず、のんびり地中をほじくり、ミミズなどを食べています。

「タァ」

もどってきてよ。

そうよびかけるようにオスがやわらかく鳴きます。それでもマイペースなメスは草の間のバッタなどをのんびり探しまわっています。

ついにオスはしびれをきらして、「ターッ」とメスのところへ飛んでいき、巣へもどるように追い立てるのです。

そんな様子は、これまでも目にしていたはずですが、とくに意識せず、気にもとめず、見過ごしていました。

新しい発見です。

二〇一〇年春。

悲劇がおそいました。

朝一番、山の訓練所のトキの様子を事務室のモニター画面で確認します。

そのころは一一羽のトキがいました。

ところが、その朝はモニター画面のどこを見てもトキがいません。

金子さんがケージへむかいました。

その後から中川さんも急ぎました。

訓練所の入り口に金子さんがいます。

「金子さん」

中川さんは声をかけ、ハッとしました。

金子さんの顔は蒼白でした。

「中川、これ、生きているの、いるんだか……」

えっ。

訓練所に目をむけました。

なに。

全身が凍りつきました。

地上にトキたちが散らばっていました。

八羽が死んでいました。

二羽は息もたえだえになっていました。

前夜、天敵のテンが訓練所のケージに入りこんだのです。

解剖が始まりました。

解剖の次に訓練所のケージを点検しました。

その日の夕方、中川さんは事務室のモニター画面の前にすわりました。

ケージにとりつけたカメラは日の光で撮影するので、前夜のテンの動きがわかりません。ただ音声だけが残っています。音量を最大にして音声をたどります。

画面は夜のやみを映しだしていました。真っ暗な中、悲鳴が上がりました。一羽の声。また一羽。もう一羽。苦しむ声が重なります。

中川さんは背後に気配を感じて、ふりかえりました。

「あ、金子さん……」

金子さんが真っ白な顔で立っていました。両目は真っ赤でした。


中川さんはすぐに言葉がつづきません。

金子さんも言葉をうしなっていました。

中川さんはようやく声を絞り出しました。

「金子さん、今日はもう帰ってください。疲れがつもっているはずですから」

金子さんは声もなく、背をむけ、事務室を出ていきました。

約一週間後、中川さんは金子さんといっしょに訓練所へ出かけました。

テンをとらえるためのワナを仕掛けるためでした。

作業の合間、ぼそっと金子さんが言いました。

「おれは殺してばかりの獣医だな……」

中川さんの胸がつまりました。

なんてことを。

打ち消そうとして強い口調で言いました。

「そんなことない。金子さん、殺した数より、誕生した数のほうが、ずっと、ずっと、多いじゃないですか」

あとからふりかえり、中川さんは思いました。

もっと良い表現ができなかったかな。

救った命の数のほうがずっと多いことをわたしは知っていますよ。

心の中でそう語りかけながら、中川さんは今日も金子さんの背中を追いかけています。

この物語は、金子さんと中川さんをはじめ、和食さんや杉田さん、懸命にトキを育て見守ってきた人たちの記憶をもとに紡ぎました。中川さんの記憶がおぼろなところは金子さんに語り継いでもらいました。金子さんが黙するところは中川さんに言葉を継いでもらいました。いつの日か、この物語を読んでくださったみなさんも、大空を舞うトキをご覧になることがあるかもしれません。その時は、トキの姿に重ねて、金子さんや中川さんの思いにも心を寄せていただけましたら。そう願いながら、この物語をとじます。

解説

保護の歴史

江戸—昭和初期

トキの学名は「ニッポニア・ニッポン（Nipponia nippon）」。江戸時代、日本のトキの標本が最初にヨーロッパへ持ち込まれたため、この名がついたが、日本固有種ではなく、ロシアのシベリア地方、朝鮮半島、中国など東北アジアに広く分布していた。

江戸から明治にかけて、北海道から九州まで国内各地に生息した記録が残り、身近な鳥だったと推測される。田を荒らす鳥として山村の鳥追い歌にも登場するが、朱鷺《とき》色とよばれるその羽根は珍重されていた。

新潟県教育委員会が一九七四年に刊行した『トキ保護の記録』によると、武士の飾矢の矢羽、茶人の茶箒や仏壇清掃用の羽箒、釣りの毛鉤、羽根布団の材料にも使われた。伊勢神宮で二〇年ごとの式年遷宮の儀式に用いられる七一四種の御装束神宝の一つ、須賀利御太刀《すがりのおんたち》の柄を装う二枚の羽根には、一〇〇〇年以上にわたり、トキの尾羽が使われている。

だが、明治の初め、トキ、ツル、コウノトリなど優美な大型鳥類が狩猟対象となって乱獲が始まり、激減したとみられている。山林開発によって餌となる水生生物も減少し、トキは大正の末には姿を消したと思われたが、昭和に入り、佐渡島で生息が確認された。

一九三四（昭和九）年

国の天然記念物に指定され、国や新潟県の保護策が緒に就く。当時、島には一〇〇羽ほどいたという。国は保護を訴える標柱を立てていった。石川県（能登半島）でも生息が確認されており、一九三八年頃、羽咋《はくい》市で二〇羽近い群れが見つかった。

しかし、太平洋戦争中、保護策は途絶えた。

一九五二（昭和二七）年

佐渡島で確認できたのは二四羽にとどまった。同年、国の天然記念物の中でも「世界的にまた国家的に価値が特に高いもの」として特別天然記念物に指定された。一九五四年、新潟県は生息地域約四四〇〇ヘクタールを禁猟区に設定した。

この間、島の人々は次々に愛護会を立ち上げ、生息地の環境保護に動き出したが、トキの数は減り続け、一九五九年夏には島内で四羽しか確認できなかった。同年、県は禁猟区を約六六〇〇ヘクタールに拡大した。

一九六〇（昭和三五）年

東京で開催された国際鳥類保護会議で国際保護鳥に指定された。国は、小佐渡山地にある営巣地、新穂《にいぼ》村の黒滝山で調査を始め、黒

一九六七（昭和四二）年

滝山一帯の村有林買い上げに着手した。一九六二年、黒滝山の約三〇〇ヘクタールは国設の禁猟区となった。
黒滝山に近い標高約四〇〇メートルの新穂村の清水平《しみずだいら》にケージやドジョウの養殖池などを備えた「新潟県トキ保護センター」が建てられ、ここを拠点に県は飼育下での繁殖の準備を始めた。この年の夏、黒滝山の西南、真野町《まのまち》の水田に幼鳥が迷い出てきた。同町公民館副館長の宇治金太郎氏が保護監視役を担い、給餌をしながら見守り続けた。県はその幼鳥を捕獲して飼育する方針を決め、翌一九六八年三月、宇治氏が素手で抱きかかえるようにして捕らえた。その際に外傷は一切負わせなかった。幼鳥はトキ保護センターが預かり、宇治氏の名前にちなんで「キン」と名づけられた。一九七〇年には石川県で最後の一羽となったオスもトキ保護センターで預かった。オスは生まれ育った能登半島にちなんで「能里／ノリ」と呼ばれたが、翌一九七一年に急死した。解剖の結果、ノリの臓器から有機塩素系農薬と水銀が検出された。ノリが育った時期は、空中散布の普及など農業の近代化に伴い、農薬使用量が増大した時期に重なり、食物連鎖により高濃度の体内残留をもたらした。ノリの死後、トキ保護センターの餌は人工飼料へ切り替えられた。

一九七二（昭和四七）年

佐渡島の野生のトキは一二羽まで増えたが、翌一九七三年に八羽、翌々年には七羽、と減り始めた。『トキ保護の記録』に新潟県文化行政課はこう記す。

「佐渡のトキを激減させたのは戦中戦後のトキ生息地内山林の濫伐であったが、昭和四〇年代に入ってからの開発ラッシュは、この戦時にもおとらぬ侵略と攻撃をトキの生息地に加える結果となった。ダム、造林、伐採、道路などの建設や、自動車の乗り入れ、土地改良による乾田化、農薬普及、採石、さては生産調整による山間の水田の放棄など、人間社会の活動のあおりは、トキの生活の場をいちじるしく追いつめている。トキ保護事業はこうした営為と撚り合わされながら、またはきびしい社会変化に足をとられながら必死につづけられているといっても過言ではあるまい」。

この時期から、国のいわゆる減反政策により、トキが餌場として好んだ山奥の棚田は放棄され、雑木林や杉林に姿を変えていった。

一九七五（昭和五〇）年

この年の春からヒナの巣立ちが見られなくなった。カラスが卵をとるためだと考え、一九八〇年に国はトキの営巣地近辺で散弾銃や毒物を使ってカラスを駆除した。当初、国はヒナを捕獲して飼育する計画を立てていたが、捕獲は成功せず、次に卵の採取を計画したものの、有精卵は得られなかった。同年春は巣作り自体を確認することができず、佐渡島の野生のトキは五羽になった。生息地を静かに見守って増えるのを待つべきだと島内の識者は求めたが、島外の識者から飼育下で増やす考えが示された。

一九八一（昭和五六）年

国は五羽すべての捕獲を決定し、一月一一日に二羽、二一日に二羽、二二日に最後の一羽を捕らえ、自然界からトキは消えた。五羽はいずれも推定六歳以上の成鳥だった。六月、「中国でトキ発見」のニュースが届いた。海外では久しくトキの生息が報告されていなかったが、陝西省洋県の山中で七羽見つかったという。中国は七羽のうち、巣から落ちた一羽のヒナを保護して飼育を始めた。

一方、日本での成鳥の飼育は困難を極めた。捕獲した野生のトキ五羽のうち二羽が半年も経たずに死に、二年後に三羽目、五年後に四羽目が死んだ。オスの「ミドリ」一羽だけが残り、トキ保護センターで幼鳥の時から飼育しているメスの「キン」と共に、この二羽が日本産最後のオスとメスとなった。飼育が軌道に乗った中国から日本へトキを貸し出したり、「ミドリ」を中国で一時預かったりしたが、日本産トキは増えなかった。

一九九三（平成五）年

「新潟県トキ保護センター」は小佐渡山地のふもとの現在地、佐渡市新穂長畝《ながうね》へ移り、「佐渡トキ保護センター」に改称。

一九九五（平成七）年

日本産最後のオス「ミドリ」が死亡。推定二一歳以上。日本産トキの絶滅が確定した。八年後には日本産最後のメス「キン」も死亡。

三六歳だった。

一九九八（平成一〇）年　中国の江沢民国家主席が来日し、天皇、皇后両陛下との会見の席でトキのつがい一組の贈呈を伝えた。当時、中国では飼育中のトキと野生のトキが計約一三〇羽に増えていたという。

一九九九（平成一一）年　一月、ともに二歳のつがい、友友と洋洋が、佐渡トキ保護センターに来た。春にはヒナが誕生。佐渡トキ保護センターは日本初のトキの人工孵化に成功し、日本生まれのトキが復活した。このヒナがオスの優優だ。

二〇〇〇（平成一二）年　優優のため、中国からメスの美美が贈られた。翌年春から、佐渡トキ保護センターは二組のつがいで繁殖に取り組んだ。

二〇〇三（平成一五）年　春以降、二組のつがいの子ども同士もペアにして、さらに繁殖を進めた。国は、ゆくゆくはトキを自然界に放し、「二〇一五年ごろに小佐渡東部に六〇羽を定着させる」という目標を発表した。

二〇〇六（平成一八）年　春の繁殖期に佐渡トキ保護センターのトキは一時一〇〇羽まで達した。

二〇〇七（平成一九）年　春、小佐渡山地の中腹に国費一四億円を投じて建設された「野生復帰ステーション」が完成。ここで放鳥前のトキが飛ぶ訓練や餌を探す訓練が始まる。

二〇〇八（平成二〇）年　九月、一回目の放鳥が行われ、一〇羽が放された。最後の野生のトキ五羽の捕獲から二七年ぶりに、日本の空にトキが戻ってきた。

二〇一一（平成二三）年

九月、五回目の放鳥が行われ、初回から数えて計七八羽のトキが飛び立った。国は、これまでに放したトキの行動を毎日追い続け、インターネット上の「放鳥トキ情報」（http://ibis-info.blog.ocn.ne.jp/diary/）に写真と共に紹介している。

二〇一二（平成二四）年

放鳥後につがいになったトキもいたが、三月現在、放鳥ペアのヒナ誕生には至っていない。飼育中のトキと放したトキは、合わせて二〇〇羽以上になった。佐渡トキ保護センターのトキは、東京都日野市、石川県能美市、島根県出雲市、新潟県長岡市にも分散させて、飼育が始められている。鳥インフルエンザなどの伝染病が広がった場合、一気に感染して絶滅する危険を避けるためだ。中国では飼育下と自然界のトキが合わせて一〇〇〇羽以上に増えたという。

里のくらし

佐渡島の面積は、東京二三区の約一・四倍。北に標高一〇〇〇メートル級の山が連なる大佐渡山地があり、南に標高約六〇〇メートルの山が続く小佐渡山地がある。

二〇〇四年の平成の大合併で島全体が佐渡市になる以前、市町村は一〇あり、最後の野生のトキ五羽はそのうちの新穂村と両津市にまたがる小佐渡山地にいた。

新潟港から島の玄関口の両津港まで高速船で一時間、カーフェリーで二時間半の距離だが、海が荒れれば船は出せず、冬は荒天で欠航が続くこともあり、冬のトキの餌不足も深刻だった。一九六一年一月、佐渡島から飛来したと推定されるトキが、海を隔てた本州の新潟県の山村で餓死した状態で発見された。島に残ったわずかなトキのために、島の人々は餌となるドジョウなどを冬山の棚田へ運んだ。

「冬期給餌は、風雪と寒気にさいなまれ困難をともなうものであるが、専任給餌担当員のほか佐渡朱鷺保護会や新穂朱鷺愛護会の会員が交替でこれを応援し、また新穂中学校や両津東中学校の愛鳥クラブ生徒も餌場への生餌運搬について熱心な奉仕があった」と『トキ保護の記録』は記し、島の人々の目立たないが血のにじむような協力と奉仕があったことを強調している。この記録から当時の歩みをたどる。

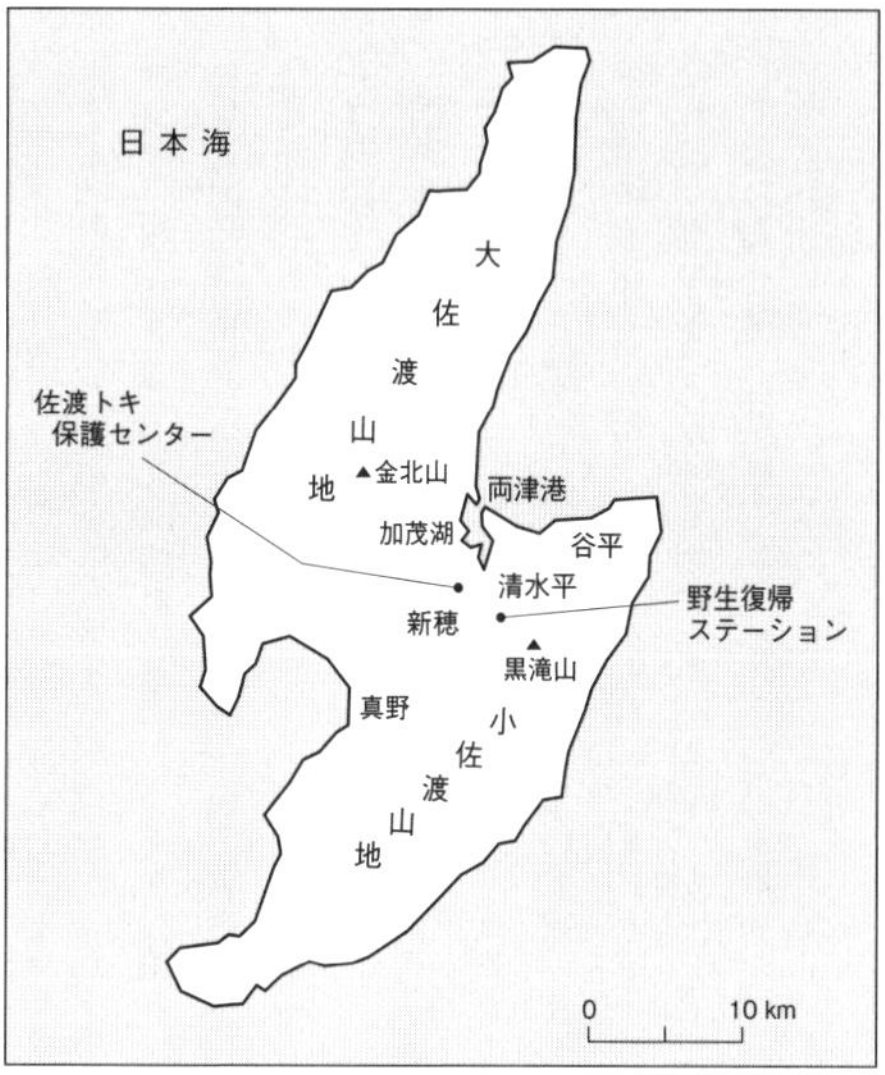

佐渡島。

1950年代、トキが餌場に好んだ谷平の棚田。

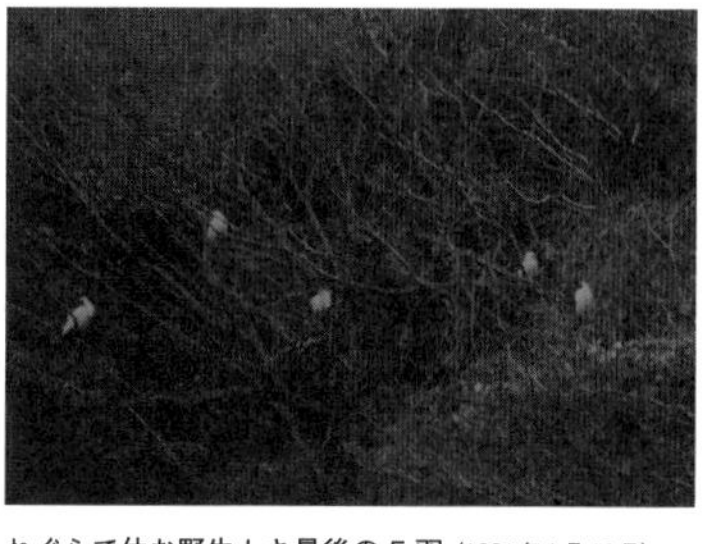

ねぐらで休む野生トキ最後の５羽（1981年1月10日）。

一九七一年春、トキはそれまでの営巣地の黒滝山を離れ、両津市の山中に新たな巣をつくった。その年は一〇羽、翌一九七二年は一二羽に増えた。海岸に迫るその山のふもとにある小さな集落では、全員で①営巣期間の入山禁止、②除草剤使用禁止区域の設定、③シイタケ栽培の制限、④山野草取りの中止などを申し合わせたという。

まとめ役の区長たちの苦労は並大抵ではなかった。申し合わせは、里のくらしを揺るがしかねない内容だった。入山禁止に伴い、シイタケ菌のついた種駒を原木に打ち込むのをやめたり、山野草取りを中止したりすれば、海岸地帯の零細農家の収入は打撃を被る。除草剤も禁じれば、その区域は夏の炎天下に三〜四回は手で草取りをしなければならない。しかも、島は過疎化が進み、頼みたくても人手はない。

国勢調査によると、島の人口は一九五〇年の約一三万人から減少の一途をたどり、一九七〇年は約九万人、二〇一〇年には約六万人にまで減っている。

それでも人々は決意し、夏、近くの集落の農家の女性たち二〇人が標高約四〇〇メートルの餌場の水田まで往復二時間かけて通い、約四ヘクタールの田んぼの草取りに励んだ。冬になれば、別の集落の女性も朝夕の吹雪の中、かんじきを履いて餌場を巡視して歩いた。そうして島の人々は、自然界でトキが増えるのを待った。

道拓いた人――佐藤春雄

保護の道を切り開くために先頭に立ったのは、佐渡島の元高校教諭の佐藤春雄さんだ。勤務のかたわらトキの観察を続け、その生態を調査して発表し、保護を呼びかけ、佐渡トキ保護会の前身、佐渡朱鷺愛護会の設立に尽力した。

一九一九年、佐渡島に生まれた。太平洋戦争の終結後、朝鮮半島の戦地から郷里へ戻ると野鳥観察を始め、ほどなくトキの観察に力を注ぐようになった。朝は日が昇る前に家を出て、トキの餌場へ出向いてから出勤。トキの保護活動を続けるため、昇進を伴う転勤を断り、定年まで島の玄関口・両津港そばの新潟県立両津高校に勤めた。その日々は『はばたけ朱鷺　トキ保護の記録』（佐藤春雄著、研成社、一九七八年）や『朱鷺の遺言』（小林照幸著、中央公論社、一九九八年）に詳しい。おくびょうなトキをおどかさないように、軍隊で鍛えた匍匐《ほふく》前進で近づき、双眼鏡で観察を続けた。

一九五三年春、わなのトラバサミにかかって負傷したトキを両津高校で預かり、四九日間飼育した。のちに新潟県トキ保護センターは、戦後の佐渡島で人間に育てられた最初のトキとして「1番」をふった。

飼育方法を記した手引き書はもちろんなく、佐藤さんは1番の傷を消毒し、フナやドジョウ、ハタハタ、エビ、カキなどをあたえてみた。疲労回復を願って魚の中にハチミツも加えてみた。やがて傷は癒え、1番は東京の上野動物園へ運ばれた。動物園では佐藤さんにちなんで「ハル」と名付けられたが、約一〇カ月後、ハルは息絶えた。

　動物園で一年も飼育できなかったことはトキ飼育の難しさを暗示したが、この間、ハルについて佐藤さんが見聞したことは、トキの研究の大きな前進につながった。

　元々、トキには白色と灰色の二種類いる、または、幼鳥は灰色で成長するにつれ白くなる、と言われていた。そのなぞに佐藤さんが答えた。

　佐藤さんが預かった時、ハルは灰色だったが、動物園で秋を迎えると、羽根がぬけかわり白色に変わった。一九五七年、佐藤さんは最初の論文をまとめ、トキは季節によって色が変わるのだと唱えた。考察を深めたその後の論文では「頸部から分泌される灰色の脂分を体上面の羽毛に塗りつけ、これによって灰色相に変わるものと思う」と解説。卵をあたため、ヒナを育てている間、天敵の目につかないように色を変えるのだろうと説いた。

　一九世紀のロシアでも同様の説が唱えられたというが、その当時は耳目を集めなかったよ

定年後、トキを観察中の佐藤春雄さん。

佐藤夫妻。春雄さん 91 歳（2010年7月）。

うだ。

トキは四季を問わず水浴びする。冬から春にかけて、水浴びのたびに首から頭までを背中に半円を描くようにしてこすりつけ、首から頭、肩、そして上半身が黒っぽく染まる。このように黒く色変わりを遂げるのは、地球上に約九〇〇〇種類もいる鳥の中でトキだけだ。

佐藤さんはトキ保護の基本を「無関心の関心」と説く。トキへ関心を寄せ続けてほしい。だがトキが視界に入ったら無関心を装い、追いかけず、静かに見守ることが肝要だ、と。現在、日本で野生のトキを熟知する唯一の人だからこそ、その言葉は重い。

導いたトキ――ミドリと優優

日本産最後のオスは、脚のリングの色から「緑／ミドリ」と名づけられた。一九八一年に捕獲された野生トキ五羽の中で唯一のオスだった。

五羽はトキ保護センターの三つのケージに分けて入れられた。いずれも四．五平方メートル。野山で自由に飛び回っていた生活が一変し、五羽はケージの中で翼を傷つけた。止まり木の下に血だまりができたこともあった。だがミドリは生きぬいた。

国は人工授精の道も探り、ミドリの精液採取も試みられた。頭から靴下をかぶせて目隠しをしたうえでマッサージも行われた。わき腹からももにかけて人間の手で行うマッサージ法や、肛門周囲に指で圧力を加える方法も試された。実施中に目隠しが外れ、叫び声を上げて暴れ始めたこともあった。メスの模型を見せても、反応はなかった。オスの生殖器は体内にある。総排泄腔から〇・二ミリリットルのわずかな精液と尿を吸引採取し、顕微鏡で数時間かけて調べ、精子を数個見つけたが、先端が折れた不完全なものだった。

一九九五年四月、ミドリは中国から預かったメス「鳳鳳／フォンフォン」とつがいになった。鳳鳳は卵を五個産んだ。しかし、五個目の卵を孵卵器へ移して三日後にミドリは急死した。

解剖の結果、心臓の心房と心室を分ける弁に約五ミリのイボがはりつき、弁膜症で、心筋障害があったことがわかった。精巣はまだ大豆ほどの大きさだった。鳥類の精巣は四季を通じて大きくなったり小さくなったりすることを繰り返す。トキの場合、繁殖期前の精巣はコメ粒ほどの大きさで、繁殖期には大豆より大きくなる。ミドリの精巣は大きくなる途中だった。精子のもとになる細胞もあったが、精子まで成長したものはまだ少なかった。佐渡トキ保護センターの獣医師金子良則さんは「四月よりもっと前にミドリと鳳鳳をつがいにしていたら違ったかも知れない」と惜しむ。

「ミドリは野生を感じさせた唯一のトキ」と金子さんは表現する。人間が半径一メートル以内に近づくと、冠羽と呼ばれる後頭部の羽根を逆立てて、「人間には気を許さない」というように、ぐっとにらみつけた。「威厳が漂う姿だった」と振り返る。

ミドリの死後、金子さんは「中国からトキの卵を譲り受けられないか」と考え、卵を持ち運べる携帯用孵卵器を昭和フランキ（本社・埼玉県）に注文した。一九九七年、同社は中国からの空輸に備え、気圧の変化にも影響を受けずに電子制御で温度調整する孵卵器を作り上げた。のちにそれは、日本から韓国へコウノトリの卵を空輸し、国内ではフンボルトペンギンの卵も運び、見事に活躍するが、肝心のトキの卵を運ぶことはなかった。結局、中国からやってきたのは、卵ではなく、友友と洋洋のつがいだったからだ。

一九九九年春、このつがいの子、オスの優優が生まれた。名前は、国が全国の小学生から公募したものだ。優優は、ミドリとは正反対に、金子さんを親鳥のように慕う。

優優の誕生には、昭和フランキの孵卵器が使われた。当時の同社社長の加山武さんが悩んだのは湿度設定だった。加山さんはニワトリの卵の孵化にも適用する六〇％に湿度を設定した。金子さんも、トキに近い種類のクロトキやホオアカトキの卵を湿度六〇％で孵してきたので大丈夫だと考えた。しかし、この湿度が高すぎたことを優優が証明することになった。

五月二一日夜、加山さんは、テレビニュースで誕生直後の優優の映像を見て仰天した。脚はむくんだように腫れており、頭はコブができたようにふくらみ、くちばしは上下かみあさっていない。腹部もふくらんでおり、かろうじて卵黄を腹部にしまいこんだような状態だった。湿度が高かった、と瞬時に加山さんは理解した。

加山さんによると、卵の中のヒナは卵黄を栄養分として体内に吸収していく。卵黄をとりこむと、それが分解されて、炭酸ガスと水が排出される。それらは、卵の内側の膜の細かい網目をへて、卵の殻に約一万個ある穴を通って外へ出ていく。しかし、外気の湿度が高ければ、水は排出されにくくなり、卵黄の吸収が減ってヒナの活力が弱まるという。

ヒナの頭にできたコブは、多摩動物公園の飼育員杉田平三さんによれば、水ぶくれだ。湿度が高く、体内に水分がたまると、こうした症状が出るという。また、水ぶくれにより体が大きくふくらんでいたため、殻を割るために体を動かす際、くちばしをひっかけて上下がずれたと指摘する。頭のコブも、くちばしのずれも、一〜二日たてば治るという。

五月二二日、優優はすっきりスマートになっていた。

えさの開発

一九九九年春、中国側から優優には中国式の餌を与えようという提案があった。その中身は、総合ビタミン剤、リンゴ、人間用の粉ミルク、ドジョウ、ニワトリの卵黄、孵化直後のヒヨコ、幼虫のミールワームだった。試みに優優より先に生まれたホオアカトキのヒナ二羽に与えたが、相次ぎ消化不良を起こして死んだ。後に判明した原因は、粉ミルクだった。中国の粉ミルクとは異なり、日本の粉ミルクにはトキが消化できない乳糖が多量に入っていたのだった。

結局、日本式の餌を与えることになった。これは、金子さんが杉田さんの助言を受けて小松菜を加え、考案した。試作段階ではドジョウを使ったが、ドジョウに病原性の細菌が入っていたことがあり、ドジョウの代わりに犬猫用の療法食を使う。生後〇日から四日までは、

上左・孵卵器の中の卵。
上右・中川浩子さんが給餌の難しさを学んだＢケージ。
右・ヒナにえさをやる金子良則さん（2001年5月）と中川さん（2003年5月）。
下・壁に並ぶ育雛器（2003年5月）。

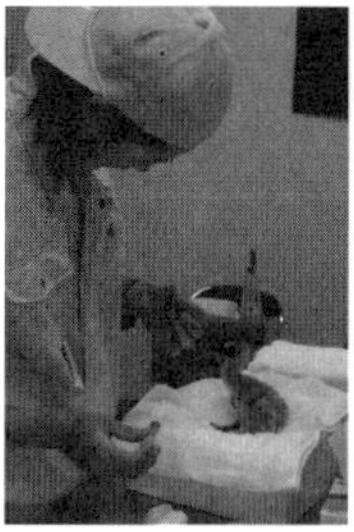

療法食二六％、小松菜二〇％、水分四一・七％、人工飼料八・三％、犬用ミルク三・三％、乳酸菌製剤〇・三％、カルシウム製剤〇・三％に総合ビタミン剤を少々加えたものを与え、日を追うごとに少しずつ配分を変え、最後に人工飼料のみになる。

人工飼料は、スイスのバーゼル動物園がトキに近い種類のホオアカトキの飼育に使っていたものを参考にした。小麦、トウモロコシ、ピーナツや大豆の粉、塩などをまぜた粉末の配合飼料（既製品）が三〇％、ゆでてつぶしたニンジンが一〇％、殻ごとつぶしたゆで卵が三・五％を占め、残る五六・五％はひき肉。当初は羊肉を、近年は馬肉を使っている。

〔参考文献〕
『トキ保護の記録　特別天然記念物トキ保護増殖事業経過報告書』（新潟県教育委員会、一九七四年）
『特別天然記念物　トキ生態調査報告書』（新潟県教育委員会、一九七五年）
『トキ保護事業の記録』昭和五〇―五五年度（新潟県）
『トキ増殖事業報告』昭和五五―平成二二年度（新潟県）
『トキ飼育ハンドブック　第一版』平成二一年一二月（環境省・新潟県）
佐藤春雄『はばたけ朱鷺　トキ保護の記録』（研成社、一九七八年）
小林照幸『朱鷺の遺言』（中央公論社、一九九八年）
一九九八年一一月二七日付『朝日新聞』朝刊記事「滅ぶトキ　救うトキ」
一九九九年六月二二日付『朝日新聞』夕刊記事「トキの名前に1万2000通の応募」

写真提供　佐渡トキ保護センター　口絵、一八一頁、一八八頁（下）
佐藤春雄　一七三頁、一七六頁（上）
小野智美　一七六頁（下）、一八一頁（上右）、一八八頁（上）

あとがき

二〇〇七年春、私は佐渡島駐在の新聞記者になり、佐渡トキ保護センターを訪ね、獣医師の金子良則さんと和食雄一さん、飼育員の中川浩子さんと出会いました。

すでに一回目の放鳥にむけた準備が始まっており、まもなく放鳥候補生が選ばれました。佐渡トキ保護センター所長と事務室で話していた時でした。事務室の窓から候補生たちがくらすケージが見えます。止まり木で憩う彼らを見つめながら、所長はつぶやきました。「ケージを出て自然界で生きていくことが、トキにとって幸せなのかなあ。聞いてみたいな。トキはいま何を考えているんだろう」

トキの幸せ——

思いがけない言葉でした。それまで私は「放鳥に向けて七羽を訓練」「絶滅回避に三〇羽が必要」などと数字だけでトキを見ていました。そのとき初めて、トキがこれまで過ごしてきた日々、これから過ごす日々を思いめぐらせると同時に、職員たちがトキと向き合ってきた日々についても考えました。

同年夏、候補生たちは、順化ケージと呼ばれる山の中の巨大な檻へ移りました。移った当初、彼らはちょっと飛んでは息を切らせていました。やがて悠々と飛べるようになり、金子さんは「胸に筋肉がついてハト胸のトキになった」と笑っていました。順化ケージにとりつけられたモニターカメラの映像を見ながら、「あれは好奇心旺盛なんだ」などの金子さんの解説を聞き、トキにも「個性」があることを知りました。親鳥がのんびり屋なら、子どもはおっとり育ち、親鳥が神経質ならば、子どもも神経質な性格になるそうです。

一羽一羽の紹介記事を新聞で連載したいと思い立ちました。

放されたトキは足のカラーリングで区別できますから、野山でトキを見かけた人々が紹介記事を手に、「あれが仲良し姉弟のお姉ちゃんのトキだ」「これは、実の母と別れなければならなかったけど、育ての母に可愛がられたトキだね」と分かれば、トキを慈しむ気持ちが一層わきあがってくるかもしれません。

そう考えて、新聞連載の企画を提案しましたが、残念ながら、採用されませんでした。それならば本にしようと思い直したのが、この物語誕生のきっかけです。

この物語は、50番のトキの家族に焦点をあてていますが、50の家族と共に、もうひとつの家族の話も織り込んでいます。その家族とは、金子さんたち「育ての親」とトキのことです。

物語に登場する44番のトキの最期について取材していた時でした。金子さんがうめくように「おれが殺したんだ……」と言ったことがあります。もちろん殺してはいません。44は病死でした。それでも自分の責任を心に刻みつけています。なぜ、そこまで背負うのですか？　私がそう尋ねましたら、低い声で即答が返ってきました。「おれは親代わりだから」。この物語は、金子さんたちの「子育て」の記録でもあります。

二〇一一年秋、私は、いったん離れていた記者の仕事に戻りました。勤務地として東日本大震災の被災地を希望し、宮城県女川町をはじめ、牡鹿半島を担当することになりました。

大震災の犠牲者は二万人近くに及び、女川町では人口のほぼ一割の人々が犠牲になったことは、転勤前から知っていました。しかし、実情は何も分かっていなかったことを、この町へ来て初めて自覚しました。

家々を押し流し、思い出の品々を消し、家族を連れ去った津波。花屋さんはお父さんを、床屋さんはお孫さんを捜し続けていました。お彼岸が近づき、行方不明の家族の葬儀に踏み切った人たちに、住職は「おうちの土を持っていらっしゃい」と言葉をかけていました。自宅の跡地の土をお墓へ納めましょう、と。

町の中学校を訪ねました。「あの日に限って『行ってきます』を言わなかったんです」と笑顔を崩さずに目を伏せて話す子は、お母さんとの再会を果たせていませんでした。「こう考えることにしたんです。お父さんは長い旅に出た。だから悲しむ必要はない」と言って涙をぬぐい、ほほ笑んでくれた子もいます。お父さんは行方不明でした。教壇に立つ先生は子どもを亡くしていました。教室では一人ひとりがそれぞれの悲しみを心の底に沈め、先生は生徒たちの寂しさを、生徒たちは先生や級友のつらさを思っていました。

目に映らぬ日常にも想像をはせ、耳に届かぬ声にも心を寄せたい。そう改めて思います。

転勤直前、羽鳥書店でがんも大二さんの絵本『パトさん』が出版されたことを知り、トキの物語の出版にもお力添えいただけないか、お願いしました。がんもさんの温かい絵も頂戴できたことに感謝いたします。羽鳥書店の羽鳥和芳さん、矢吹有鼓さん、吉田理佳さんには、女川町までお越しくださり、石巻市の雄勝町から釜谷まで一緒に歩き、一緒に感じ、考えてくださったこと、厚くお礼申し上げます。

ここまで歩き続けることができたのは、佐渡島駐在の使命を伝授してくださった私の前任の佐渡支局長・藤原喬さん、先輩の三浦俊章さん、生井久美子さん、尾木和晴さん、同期入社の長友佐波子さんの助言があったからです。三人の親友、木村親生、帆足亜紀、山本佳恵、本当にありがとう。

新聞記事もそうです。本を書く時もそうです。最初に出会いがあります。次に言葉が返ってきます。そして私の文章は始まります。すべての出会いに心から感謝いたします。なお、この本の印税はすべて、読者のみなさんのお気持ちと共に佐渡トキ保護会へ寄付させていただきます。

二〇一二年四月四日

小野智美

登場人物の紹介

右・金子 良則 かねこ よしのり

佐渡トキ保護センタートキ保護専門員。1958年新潟県三条市生まれ。81年、鳥取大学農学部獣医学科を卒業後、新潟県に入庁。91年、トキ保護センターの獣医師に。99年、日本初のトキの人工孵化に成功。2009年、トキの機能形態学的研究により、京都大学から博士号を授与された。

左・中川 浩子 なかがわ ひろこ

佐渡トキ保護センター技術員。1975年新潟市（旧豊栄市）生まれ。新潟県立西新発田高校を卒業後、98年、結婚を機に佐渡島へ。2002年、佐渡トキ保護センター初の正規採用の飼育員に。09年から、野生復帰ステーション担当。より自然に近い環境でのトキの繁殖に取り組む。

和食 雄一 わじき ゆういち

長岡市トキ分散飼育センター獣医師。1977年長野県須坂市生まれ。2004年、日本獣医畜産大学（現・日本獣医生命科学大学）獣医学部獣医学科を卒業後、動物病院勤務を経て、05年、新潟県に入庁し、佐渡トキ保護センター勤務に。11年4月、新潟県長岡市に派遣。同10月から、佐渡のトキのつがい2組を受け入れ、繁殖に取り組む。

小野 智美 おの さとみ

朝日新聞記者。一九六五年名古屋市生まれ。八八年、早稲田大学第一文学部を卒業後、朝日新聞社に入社。静岡支局、長野支局、政治部、アエラ編集部などを経て、二〇〇五年に新潟総局、〇七年に佐渡支局。〇八年から東京本社。〇九年九月に人事セクション採用担当課長。一一年九月から仙台総局。宮城県女川町などを担当。東松島市在住。

がんも大二 がんも だいに

愛知県生まれ。絵本『パトさん』（羽鳥書店、二〇一一年）。

http://ganmodaini.com

50とよばれたトキ
——飼育員たちとの日々

二〇一二年五月五日 初版

著者 小野智美
装画・挿画 がんも大二
協力 佐渡トキ保護センター
装幀 有山達也＋中島美佳（アリヤマデザインストア）
発行者 羽鳥和芳
発行所 株式会社 羽鳥書店
一一三―〇〇二二
東京都文京区千駄木五―二―一三―一階
電話〇三―三八二三―九三一九［編集］
〇三―三八二三―九三二〇［営業］
ファックス〇三―三八二三―九三二一
http://www.hatorishoten.co.jp/
印刷所 株式会社 精興社
製本所 牧製本印刷 株式会社

ISBN 978-4-904702-33-8 Printed in Japan

パトさん　がんも大二　A5判変型並製　34頁　1500円
何げない日常の豊かさを伝える絵本。
29の絵と27の言葉でつなぐ、パトさんの人生。

野兎の眼　松本典子〈写真集〉　B5判変型並製　104頁　3400円
奥吉野の秋祭りで14歳の少女のまなざしに出会った写真家。
少女が思春期をへて大人となり母となる過程を鮮やかに映しとる。

掌《てのひら》の縄文　港千尋〈写真集〉　B5判変型上製　112頁　4000円
縄文に触る。なで、さすり、つかみ、かかえ、もちあげる。
人の手に抱かれ、5000年の時を超えて蘇る縄文土器・土偶の表情。

すゞしろ日記　山口晃　B5判並製　160頁　2500円
山口晃画伯のユーモアあふれるエッセー漫画。
元祖すゞしろ日記をはじめ、各バージョンが大集合。おまけ付き。

羽鳥書店刊

ニッポンの風景をつくりなおせ――一次産業×デザイン＝風景

梅原真　Ａ５判並製　２４０頁　２６００円

一次産業にデザインをかけ合わせて、「あたらしい価値」をつくりだす。
デザイナー梅原真の仕事がはじめて本になった。

四万十日用百貨店　迫田司　四六判並製　２３２頁　２０００円

高知県・四万十川支流の小さな谷「イチノマタ」在住デザイナーによる
モノから見えるヒトと風景をつづった痛快エッセイ。

漢文スタイル　齋藤希史　四六判上製　３０６頁　２６００円

漢文脈の可能性と漢詩文の世界の楽しみ方を伝える。
隠者・詩人・旅人たちがめぐる読書の宇宙へと誘うエッセイ集。

ギョッとする江戸の絵画　辻惟雄　Ａ５判並製　２４０頁　２８００円

若冲、蘆雪、国芳、北斎……計８人の江戸の絵師たち。
底知れないその魅力を美術史の巨匠が縦横無尽に語る。

ここに表示された価格は本体価格です。御購入の際には消費税が加算されますので御了承ください。